# 图说广东古建筑

# ILLUSTRATION BOOKS OF ANCIENT ARCHITECTURE IN GUANGDONG

主 编 卢永忠
副主编 张远环 洪淑媛 麦志衡

華中科技大學出版社
http://press.hust.edu.cn
中国·武汉

图书在版编目（CIP）数据

图说广东古建筑 / 卢永忠主编 . -- 武汉 : 华中科技大学出版社 , 2023.5

ISBN 978-7-5680-9072-8

Ⅰ . ①图… Ⅱ . ①卢… Ⅲ . ①古建筑－建筑艺术－广东－图集 Ⅳ . ① TU-092.2

中国国家版本馆 CIP 数据核字 (2023) 第 053809 号

图说广东古建筑
Tushuo Guangdong Gujianzhu

卢永忠　主编

出版发行：华中科技大学出版社（中国 · 武汉）　电话：（027）81321913
地　　址：武汉市东湖新技术开发区华工科技园（邮编：430223）
出 版 人：阮海洪

总 策 划：朱　纯
策划编辑：王　斌
责任编辑：吴文静　王佑芬
责任监印：朱　玢
装帧设计：柏桐文化

印　　刷：广州清粤彩印有限公司
开　　本：889 mm × 1194 mm　1/16
印　　张：17
字　　数：600千字
版　　次：2023年6月第1版　第1次印刷
定　　价：268.00元（USD 53.00）

投稿热线：13925085234　　1227655440@qq.com
本书若有印装质量问题，请向出版社营销中心调换
全国免费服务热线：400-6679-118 竭诚为您服务

# 《图说广东古建筑》编委会

# 序 I

## 传承发展广东古建工艺及文化

### ——《图说广东古建筑》序

中国园林历史悠久，集传统建筑、植物景观、书画、雕刻和工艺等艺术为一体，在世界园林史上独树一帜。岭南园林作为中国园林的三大流派之一，对于中国传统造园艺术，特别是现代园林的创新和发展有着举足轻重的作用。清晖园、余荫山房、梁园、可园等典型的岭南园林代表，给后人留下了宝贵的财富。

广东濒临沧海，较早开展海上对外贸易，受西方建筑文化和建筑材料的影响，广东古建在布局形式、构件和装饰等方面呈现出中西兼容的岭南文化和装饰特点。古建体型轻巧、通透朴实，内外装饰精美典雅，花罩漏窗、木雕、砖雕、陶瓷、灰塑等民间工艺精雕细刻，既传承了中原古建工艺特点，又根据地带特点不断创新发展形成具有特色的流派。另外，岭南山清水秀，层峦叠翠，地理环境、自然气候、植被特性和乡土文化地带性特点显著。岭南人追求实用舒适的生活环境，向往自然式宅居生活，因此宅院天井（花园）、房前屋后绿树成荫、鸟语花香，古建与植物互为因借，室内外相互渗透、相互映衬，营造出地域性文化特色显著的景观。

本书图文并茂地叙述广东四大名园、开平碉楼、广州陈家祠等古建经典佳作的历史故事和建筑特色，通俗易读，信息量丰富，方便专业人士和学生了解及研究广东建筑史和地域特色。编写单位古建保护工作进行了六十多年，拥有文物保护施工一级、园林古建筑施工一级等多项资质；编写人员具有数十年工作经验。本书有专门章节介绍重要古建、文物保护修缮项目特点，作者以案例分析方式总结施工经验和关键技术，对于行业一线的同类型工作具有实际指导意义，具体实操工艺对古建、文保一线施工人员具有一定的参考作用。

本书在引导读者欣赏古建外部特征的同时，尝试让读者透过古建的砖墙语言，领悟其艺术内涵和文化魅力，能够让更多有识之士了解古建文化以及古建保护和传统工艺传承发展的必要性，对弘扬广东古建技术具有积极的促进作用。

吴劲章　原广州市园林局副局长兼总工程师、巡视员
获中国风景园林学会、广东园林学会终身成就奖

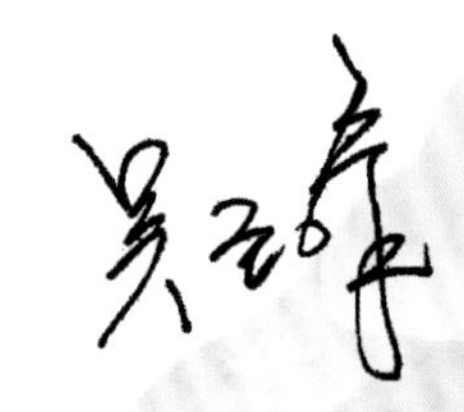

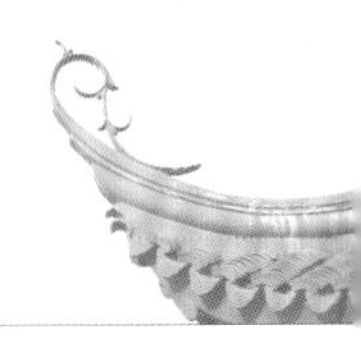

# 序 II

## 岭南古建　独树一帜

### ——《图说广东古建筑》序

岭南，乃五岭以南之意，是越城岭、都庞岭、萌渚岭、骑田岭和大庾岭等五岭山脉组成的天然分界线以南的地区，包括广东、广西、福建、海南、港澳等地区。其山水环绕，层峦叠翠，环境宜物宜人。岭南人随意、兼容而务实，敢为天下先，“古今中外，该我所用”。源于中原的岭南文化，接受适于自己的所有外来文化，又因地带性环境、气候条件和乡土文化的影响，形成了富有特色的自身属性。岭南园林和岭南人生活的庭院，“万物皆备于我”，兴屋建园不拘一格，平面灵活、形式多样、自然舒适。岭南建筑利用庭园、天井、绿化、建筑阴影和水域等隔热通风、遮阳降温；罗马式拱形门窗和铸铁花架等建筑装饰，充分体现中西兼容、广纳百川的岭南文化特征。

本书“图说”包括了图和说两层含义。图蕴含的信息量大，直接表达思路和目的；图也是风景园林行业技术制图的基础术语和设计理念表达的主要形式。说是风景园林设计图标配的主要表达方式。本书采用图说形式，纳入近一千八百张图片，配以文字叙述，将广东传统四大名园、开平碉楼和荻海风采堂、广州陈家祠、逆水流龟村堡等古建经典佳作融为一书，重点介绍广东古建的建筑空间布局、结构造型、装饰特色及园内亭桥楼榭、荷池石山等风格和艺术特征，阐述建筑与环境、人之间的和谐关系。每一章配套的鸟瞰图以现代航拍技术手段，展示古建的布局和组织规律，从不同的高度和角度审视古建的景观特色。

相信本书可以让读者“看图，知天下；读文，识古建”，让业内人士了解广东古建文化朴素的生态建筑思想、人文意识及和谐理念，取其精华，古为今用；同时推动古建保护、传统工艺、古建文化传承和发展，让古代文化遗产产生现代价值。

刘管平　原华南理工大学建筑系主任、教授
全国高校建筑学学科指导委员会委员
获中国风景园林学会、广东园林学会终身成就奖

刘管平

# 目录

序

第一章 绪论 / 1

一、本书的写作背景 / 2
二、本书主要内容和特色 /4

第二章 顺德清晖园 / 7

一、整体布局 / 9
二、规划布局特点 / 10
三、前中后区建筑群及景观特色 / 11
四、园林植物丰富与建筑映衬多样景观 / 36
五、清晖园蕴藏的文化艺术内涵 / 41

第三章 番禺余荫山房 / 43

一、整体布局 / 45
二、规划布局特点 / 47
三、功能分群及主要建筑 / 49
四、造园与建筑装饰特色 / 61
五、丰富的植物景观与建筑互为映衬 / 71
六、余荫山房蕴藏的文化艺术内涵 / 76

第四章 佛山梁园 / 81

一、整体布局 / 84
二、规划布局特点 / 84
三、梁园已修复区域特色荟萃 / 88
四、梁园的水石神韵 / 102
五、名帖历史文化遗产 / 112
六、植物的点缀烘托出别样的景观特色 / 114

第五章 东莞可园 / 119

一、整体布局 / 120
二、建筑分群 / 121
三、规划布局特点 / 121
四、主要建筑及特色介绍 / 126
五、园林植物与建筑互为映衬 / 145
六、可园蕴藏的文化艺术内涵 / 149

第六章 开平碉楼与村落 / 153

一、整体分布概况及特点 / 155
二、开平碉楼的类型与特点 / 159
三、开平碉楼的独特价值和村落特色 / 163
四、开平特色碉楼与周围景观介绍 / 172
五、开平碉楼与村落的修缮和保护 / 193

第七章 开平风采堂 / 197

一、整体布局概况 / 199
二、风采堂的历史文物价值 / 200
三、主体建筑特色 / 205
四、传统开平灰塑艺术的应用 / 217

第八章 逆水流龟村堡 / 221

一、整体布局概况 / 222
二、仿龟意匠规划布局特点 / 223
三、主要建筑及构造特色 / 228
四、村堡的古韵特色 / 231
五、古村堡的守护与保护 / 235

第九章 广州陈家祠 / 239

一、陈家祠的整体布局及特色 / 242
二、陈家祠的建筑特色 / 245
三、主要建筑装饰 / 248
四、陈家祠的历史文化景观 / 262

参考文献 / 264

后记 / 266

# 第一章 绪论

中国古建筑（以下简称古建）指具有历史意义，在1949年之前建造的民用建筑和公共建筑，包括民国时期的建筑。中国古建文化是中国传统文化中物质内容与地域文化的一种体现，是人类生活与自然环境相结合的产物，在不同时代、不同地域表现出不同的特征。广东古建筑（以下简称广东古建）作为岭南园林地域文化的结晶，是中国古建富有特色的组成部分，其风格独特、个性十足，散发出不一样的光芒。古建和其他一切历史文物一样，不可再生、再建造，一经破坏就无法挽回。传承与表达古建的历史元素，是当今古建保护的真正意义。

## 一、本书的写作背景

### 1、揭开古建的神秘面纱

古建是城市历史记忆的符号，蕴藏丰富的地方文化内涵，伴随历史文化名城发展，诉说不同历史年代的故事。随着城市化进程的加快，古建散落或隐藏在林立的现代高楼之中，在喧闹外留存一抹静谧，看上去有些奇怪和孤独；旅游景点的古建神秘、久远，甚至有点看不懂……总之，广大民众对眼前的古建有点捉摸不透，十分好奇神秘面纱下古建厚重的历史、生疏有趣的构件名、古韵悠悠的风格、赏心悦目的建筑外观特色，以及秘境之地的故事，等等。本书选择广东古建经典佳作，力图以精练的文字和精美图片，叙述广东古建的历史故事和建筑特色，信息密集，图文互动，通俗易读，专业实用，使人们快速获得古建信息、了解它的价值、领略它的奥秘。本书方便人们剖析、学习和研究广东建筑史，了解岭南地域文化艺术民俗、古建维修和保护知识。

### 2、宏观视角图说古建

广东古建历史悠久，风格独特，是历史文化精神载体，具有很高的艺术成就和科学价值。广东四大名园、开平碉楼、广州陈家祠等就是其中的奇葩。广东古建在地址选择、空间布局、结构造型等方面遵循建筑与环境、建筑与人的和谐关系，在处理人与自然、人与人、人与资源方面具有诸多巧妙之处，特别是渗透其中的朴素生态建筑思想和蕴含在其中的人文意识及和谐理念，值得后人认真思考，汲取其精华，古为今用。前人对广东四大名园、开平碉楼、广州陈家祠等古建有过专业著作或丛书，从建筑专业角度和历史价值等方面进行介绍。本书从建筑与环境、建筑与园林、建筑与植物及建筑与文化等视角审视古建，解析和体会其中蕴含的深刻文化内涵和现实意义；剖析广东古建“朴素自然”的实用意识、“兼容并蓄”的岭南人胸怀、古建视觉审美的重点及精神层面的关注点；论述广东古建所体现的地域性特色。

### 3、传承和弘扬古建文化精髓

岭南文化的魅力在于它不同的气候环境、经济水平和居住特点，还有中原文化，以及外来西洋文化的不断传入，各地居住建筑形成了鲜明的地域特色。岭南山清水秀，层峦叠翠，地理环境、

自然气候和乡土文化具有显著的特点。岭南人向往山水、追求自然舒适的花园式宅居生活，为适应岭南亚热带季风海洋性气候，古建在布局形式、建筑装修、植物造景等方面独具地方特色，岭南人创造了风格独特、丰富多彩的建筑文化遗产。岭南建筑文化遗产是中西文化进步和融合的结晶，集政治、经济、思想、艺术等物质文化及非物质文化总和为一体，包括文学（古诗、词、赋等）、艺术（国画、对联、书法等）、民俗、宗教、建筑、风景园林……体现出明显的历史年代特征。

另外，广东多地濒临沧海，较早开展对外贸易，受西方建筑文化和建筑材料的影响，广东古建布局形式、构件和装饰呈现出中西兼容的岭南文化和建筑装饰材料特点。建筑体型轻盈、通透朴实，内外装饰精美、色彩华丽。木雕、砖雕、陶瓷、灰塑等民间工艺精雕细刻，门窗格扇、花罩漏窗、套色玻璃等图案别具一格。广东古建在建筑布局、材料、施工、装饰、传统风格等方面的艺术和技术层面达到了很高的水平，是几千年来无数工匠们在长期建筑实践中积累下来的经验之作，对现代相关专业人员有着极大的启迪和示范作用，是新建筑设计和新艺术创作的重要借鉴源泉。本书力求带读者欣赏古建外在美学特征的同时，引导读者透过古建的砖墙看到其内在的精髓，包括艺术内涵、文化魅力和独树一帜的特色等，有利于传承和弘扬古建文化和传统工艺。

### 4、科普相关知识推动古建保护

无论是古建大结构部件即梁、柱、斗拱、瓦当等，还是小部件即门窗、条环板、门环、角叶等，不但种类繁多、有其专业术语，而且具有鲜明的历史和地方特色。由于种种原因，古建专业术语和相关知识的普及率较低，对于广大民众而言，这些专业化的东西有曲高和寡之感，古建之美与大众的认知似乎出现了失衡。然而古建作为一种古朴的历史文物，饱含了独特的历史文化和韵味，特别是园林建筑中的亭台楼阁的建筑美感和观赏价值，以及园林建筑本身，还有建筑与周围植物的互衬和空间关系产生的意境美……需要人们经过特殊的教育和自身的文化积淀，因而需要有更加适宜大众的科普途径。

随着社会经济文化水平的不断提高，社会各界希望深入了解古建相关领域知识和文化艺术特点的愿望越来越强烈。本书采用图文并茂、看图识意的方式将专业性强的古建知识、历史文化、平面和立面布局、园林营造特色、文化意境等表现出来，以专业和科普双向并举的形式宣传古建；希望在达到古建知识专业教育程度的同时，通过书籍流通和现代媒体宣传，运用社会化和群众化的科普方式，采用公众易于理解和接受的图文并茂方式，普及古建科学知识，传播古建艺术文化思想；更希望增加古建与广大民众的亲和力，增加广大民众的认知力，让大众真正感悟到古建园林文化内涵，重视古建保护和文化传承，自主加入古建保护行列。希望人们用发展和欣赏的眼光来看待古建及其蕴含的文化特质，配合政府部门，共同实现对古建历史文化的保护，让文化遗产产生现代价值。

## 二、本书主要内容和特色

### 1、汇集广东四大名园精华

广东是岭南园林的主要发源地，广东四大名园是其中的精华之作和古建的典型代表，也称岭南四大园林或粤中四大名园，即佛山市顺德区清晖园、广州市番禺区余荫山房、佛山市禅城区梁园以及东莞市博厦可园四座古典园林，均为省级重点文物保护单位。本书将广东四大名园汇集为一体，一书识四园，图说见区别。清晖园位居广东四大名园之首，始建于嘉庆五年（1800 年），建筑造型别具匠心，灵巧雅致，古朴精美，园内景观清雅优美，碧水、绿树、古墙、漏窗、石山、小桥、曲廊等与亭台楼阁交相辉映。园内树木繁茂，品种丰富，多姿多彩，与古色古香的楼阁亭榭交相掩映，徜徉其间，步移景异，令人流连。余荫山房始建于清同治三年（1864 年），整体布局小巧玲珑，风格独特，园内亭桥楼榭，曲径回廊，荷池石山，尽纳于三亩之地，咫尺山林，园中有园、景中有景、幽深广阔。梁园是佛山梁氏宅园的总称，由“十二石斋”“群星草堂”“汾江草庐”“寒香馆”等多个群体组成，于清嘉庆、道光年间（1796—1850 年）陆续建成。建筑式样俱全、轻盈通透，临水建筑富有地方特色，造园组景雅淡自然，曲水回环、松堤柳岸、树木成荫，千姿百态的大小奇石组合巧妙而脱俗。可园始建于清朝道光三十年（1850 年），以营造层次丰富、错落有致、富有节奏色彩和空间对比的建筑体系而闻名，小中见大，暗中通明，高低回转，趣味无穷。

### 2、聚焦古建保护修缮工作

笔者参与保护修缮的广州陈家祠、开平碉楼和逆水流龟村堡，作为特殊历史时期的特殊产物，具有不朽的历史意义。全国重点文物保护单位陈家祠始建于清光绪十四年至二十年（1888—1894 年），是广东现存规模最大、装饰华丽、保存最好的传统岭南祠堂

建筑，由大小十九座单体建筑组成，被誉为“广州文化名片”。陈家祠尤以木雕、砖雕、石雕、陶塑、灰塑、彩绘画及铜铁铸等七绝装饰艺术而著称，其题材广泛、造型生动、色彩丰富、技艺精湛，是一座民间装饰艺术的璀璨殿堂。开平碉楼为后人留下了宝贵的建筑文化遗产，是华侨智慧及外国建筑风格的结晶，体现了楼主对西方文化所表现出的从容、自信、接纳，及洋为中用、兼容并蓄的心态。位于东莞市虎门的逆水流龟村堡，为抵御兵乱、保护族人而修建。村堡周边被水包围，建筑布局如龟逆流在一潭碧绿如玉的溪水之中，是广东省内保存较完整、具代表性、规模较大的典型明末清初村堡。本书叙述了上述三者的建筑特色、历史文化和艺术价值，同时聚焦于古建保护修缮工作，在保护修缮方案制定、技术措施落实过程中，记载了技术措施及实施情况。

### 3、开平风采堂一览

开平风采堂作为广东民间保存最好的古建群体之一，如同一卷绵长的历史画轴，蕴含淳朴的传统内容和深厚的人文根基。宗祠由当时远离故土的华侨们义不容辞捐资修葺。作为侨胞心目中的永远家园及叶落归根的魂归处，风采堂代表当时地方经济水平，颇有地方民俗文化特色。风采堂整体结构形式既继承了中国古建的民族风格，又吸取了西洋建筑的艺术特色，结构严谨，瑰丽宏伟，在侨乡建筑里独具一格，是五邑地区中西建筑文化交融的杰作，也是岭南地区祠堂建筑的杰出代表。本书叙述了开平风采堂的整体布局、历史文物价值、中西结合的建筑特色和装饰艺术特点，通过调查访问、实地拍摄大量图片，图文并茂地向读者展示其建筑内外风格和装饰艺术效果，带读者走进五邑地区中西建筑文化结合的建筑艺术世界。

### 4、大格局空中俯瞰古建

广东古建布局主次分明，左右对称，一般有一条明显的中轴线，在中轴线上布置主要的建筑物，在中轴线的两旁布置陪衬的建筑物。而可园等布局则因地

制宜，不求整齐划一，左右对称。这种布局原则，适应了岭南自然条件、文化特点、风俗习惯及建设地特点。以前的摄影技术难以清晰地表达平面和立面的空间布局关系和特色。本书不仅介绍了广东四大名园、陈家祠、逆水流龟村堡等的历史文脉、建筑布局、园林特色和造园手法等内容，而且通过现代航拍技术获取鸟瞰图，将古建的平面和立面布局、简明的组织规律展示给读者，使读者从不同的角度清晰看到古建尺度和形态特征，宅院园林和水系布局特色，以及建筑与植物、水池等融合的另类景观。同时配合多张细部的图片和文字介绍，将每一处庭院景观，由宏观到局部，逐一有序地展开叙述，为读者打开一幅幅富有整体性和立体效果、层次丰富的风景园林画卷。

### 5、集萃植物与古建互衬的园林景观

广东地处北回归线，为热带、亚热带季风气候，常年郁郁葱葱、繁花似锦，又盛产英石、腊石、钟乳石等景石材料，有良好的造园条件。因气候湿热，岭南人追求富有自然山水气息的生活环境，喜欢在住宅中设庭园点石凿池，种植林荫大树和果树花草，调节小气候环境，丰富日常生活趣味。因此，广东人造园十分注重植物的应用，注重植物与建筑的空间景观、互衬关系以及文化意义，注重植物装点活化建筑的灵动效益，注重植物与叠山摆石带来的韵味，注重季节性赏花、品果和即景随意地吟诗作画。本书重点关注古建与园林植物互衬的关系，挖掘造园主赋予古建园林的韵味，分配比较多的笔墨和图片叙述每一个特定古建与园林植物构成的景观特色和文化意境，植物应用的精彩妙处和文化意义，为读者打开岭南园林植物与古建关系的一番新天地。

总之，本书在撰写过程中，大量查阅研究前人的相关文献，多次访问专家、学者和属地老人，撰写整理、提炼编排形成书稿，其内容具有一定的科学性、广泛性、代表性、艺术性和特别性。同时实地拍摄和收集图片，每一章节尽可能多配套一定量的图片，力求通俗易懂，图文并茂，图与文结合，形象生动，让读者有身临其境的感觉。本书是作者利用业余时间撰写而成，由于时间和精力限制，难免有错漏和不尽人意之处。但是，本书实用性很强，对了解古建、读懂古建、保护古建等方面都具有较好的科学指导和科普意义，既可以作为广大古建爱好者的科普图书，还可以作为风景园林专业及古建保护主管部门、一线工作者的一本专业工具书，对建筑、古建、园林等相关专业的教师与学生而言，也不失为一本图文并茂的教学专业参考书。

# 第二章 顺德清晖园

清晖园位于佛山市顺德区，故址为明末状元黄士俊所建的黄氏花园，现存建筑主要建于清嘉庆五年（1800 年），为全国重点文物保护单位，位列中国十大名园，是广东四大名园之首。

清晖园是由明末状元黄士俊修建的府第，当时的黄家祠和天章阁、灵阿之阁等建筑，及其周围的花园，便是清晖园的雏形。乾隆年间，黄氏家道中落，清代进士龙应时购得，之后其子龙廷槐、龙廷梓将它们改建为庄园居住。1805 年，龙廷槐在父亲生前购得的产业中部拓建园林，侍奉母亲居住；一年后，龙廷槐之子龙元任请同榜进士、江苏书法家李兆洛题写“清晖”的园名，取意“谁言寸草心，报得三春晖”，以示筑园是为了报答父母如日光和熙普照之恩。梅策迎的相关研究显示（图 2-1），从应时、廷槐、元任、景灿到渚惠，清晖园共经历了五代人，屡经修缮，格局得以定型。后来龙廷梓将产业改建成以居室为主的庭园，称为“龙太常花园”和“楚芗园”；南侧龙太常花园衰落后，卖与曾秋樵，其子在此经营蚕种生意，挂上“广大”招牌，故又称广大园。到 1959 年，政府拨款进行修葺兴建，清晖园迅速得以修复。重修后的清晖园，与左邻的楚芗园、右邻的广大园和龙家住宅（介眉堂）、竞勤堂（杨宅）等整合成为一体化园林，基本恢复了当年黄士俊花园的规模。1996 年，政府及有关部门对清晖园进一步修复和扩建，主要清理与园林功能不相符的附属设施、加建了红蕖书屋、一勺亭、九狮图石林、北入口门楼等等。于 1998 年 8 月完工的清晖园北园扩建工程复原了清晖园私家园林的历史，反映、延续士子文人的集体记忆，同时再现了岭南园林文化传统。

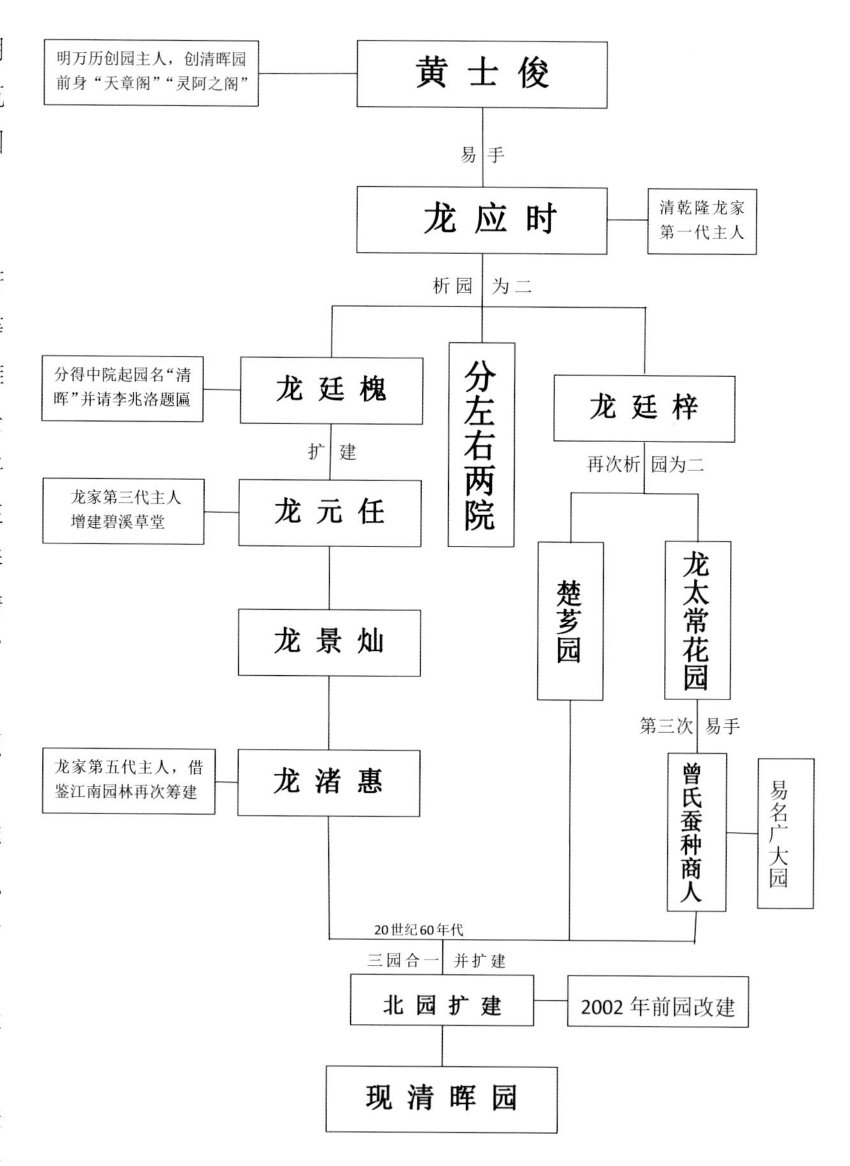


图 2-1　清晖园历史演变图*（来源于梅策迎相关研究）

清晖园的尺度一直在变迁中，始建时占地面积仅为 6600m²，如龙令宪在诗《清晖园》中写道：“我园清晖，在城南隅。有馆有池，八九亩余。”20 世纪 60 年代的清晖园扩建到 9795m²，1998 年的北园增建工程更令清晖园的面积达到了 22000m²，规模位居岭南四大名园之首。船厅、碧溪草堂、澄漪亭、惜阴书屋、竹苑、归寄庐、笔生花馆、斗洞等让人惊叹的园林庭院，新修部分也借鉴了江南园林和北方园林的造园艺术，与原有园林风格相融合，尽显岭南庭院雅致古朴的园林风格。园中有园、景随人意，今日探游的人们已分辨不出旧物与新筑。

## 一、整体布局

### 1、清晰的平面空间分布

清晖园布局可以分为南部水景区、中部林园区以及北部住宅区三个部分，三个部分相对独立又互相渗透。中部是清晖园故园，由方池和亭榭组成园中主要的水庭观赏区；船厅、惜阴书屋、碧溪草堂、真砚斋等重点建筑区域为南部；与会客娱乐的前庭相隔的竹苑、归寄庐、笔生花馆等建筑自成一区，形成安静幽雅的北部后宅院区。园中建筑尽量沿外围布置，以廊道或墙垣相连，中间布置少量建筑或点缀园林小品而产生虚实结合的空间（图 2-2）。

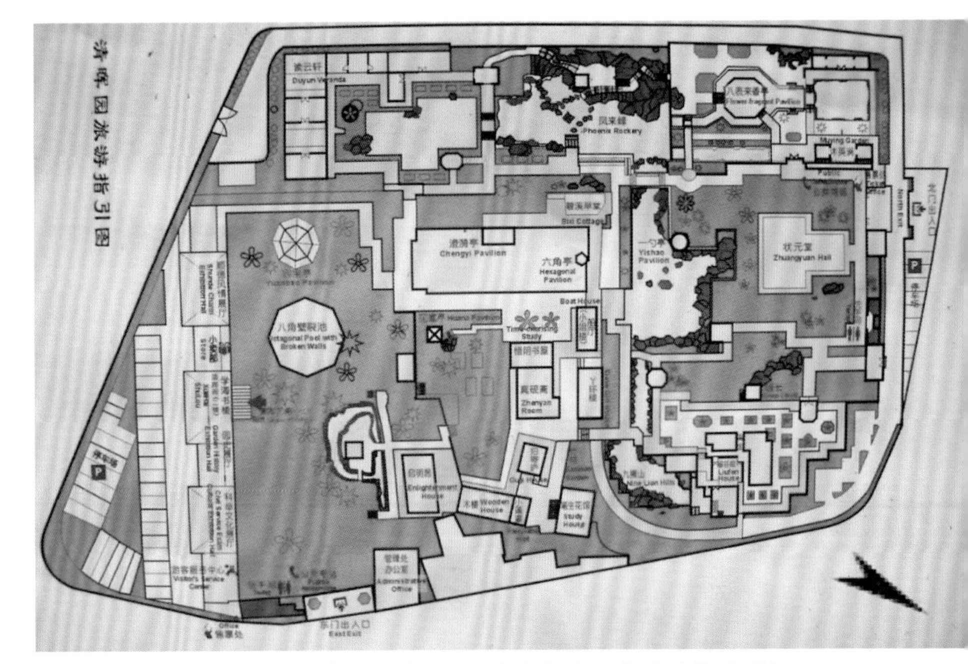


图 2-2　清晖园总平面图*（来源于清晖园导游图）

图 2-3　清晖园鸟瞰图

### 2、错落有致的立面空间层次

主体建筑多采用坐北朝南的布置。建筑通透开敞，多有连廊迂回相接，适应南方湿热多雨气候，可以遮阳、防晒，同时达到划分区域、增加空间层次和丰富景色的目的。园内无论是大空间设置，还是单个建筑物设计，都注意避免与旁边的景致或建筑物重复，从而呈现出错落有致的体块变化，互相交错和“借景”，形成疏密相间的节奏韵律。运用明暗、高低、大小等对比，形成多样的观赏空间，无论人们站在何处，映入眼帘的都是一幅旖旎而完整的图画，美不胜收（图 2-3）。

## 二、规划布局特点

图 2-4　清晖园空间布局鸟瞰图

### 1、鲜明的岭南园林前庭后院（宅）式布局风格

庭院布局采用岭南园林庭院常见的前庭后院（宅）式，空间由南向北依次展开，庭院在前，建筑在后，形成前疏后密、前低后高的建筑格局。天井、巷道、敞厅等连接庭院和建筑空间，使两者贯通联系[2]。庭院成为建筑的平面延伸空间，建筑成为庭院立体拓展的空间。

### 2、因地制宜顺应岭南气候的布局朝向和空间

充分考虑岭南的气候特点，在疏朗开阔的南部布置园林空间，在密集阴凉的北部后院布置生活起居的建筑群落。宅居与花园间通过门洞漏窗、曲径小巷、天井、花台曲院等方式连接，使其相互渗透，通透疏朗。南部园林由低矮的水池景观到疏林花木林园，再过渡到建筑院落，空间依次递进（图 2-4）。布局根据建筑的朝向、通风条件，前庭园林空间开阔，夏季凉风不断吹向北部后院住宅，形成利于空气流通、降温的生活环境。这样的布局使得院落空间形成紧致而内部气流通畅的居住环境生态系统。低矮开敞的前庭空间与高耸阴凉的后院建筑空间形成气压差，前部庭院汇聚的南向气流，借助气压差，通过巷道、天井输送到后院各个角落。另外，后院密集布置可以减少阳光的辐射，同时建筑造型轻巧灵活，开敞通透，大量采用门与窗结合的方式，形成落地窗式的屏门，适宜岭南长夏之需。后部建筑又能挡住岭南冬季严寒的北风，满足岭南地带性冬季气候环境特点。

### 3、丰富多样的建筑个体及整体景观

园内建筑在平面布局上，以间为单位，组合成风格各异的庭院。这种布局手法，使众多的建筑物构成一组组相对独立的景区，形成“园中有园”、活而不乱、变中有序的特点；每个庭院的面积大小、封闭程度、树木花草及假山小品的设置也各具特点。园内的大景区设置和建筑的设计，聚散有序，相互映衬形成观赏空间。

### 4、富有特色的中西融合园林景观布局手法

清晖园庭院园林布局借鉴了江南庭园的造景手法，亭台楼阁以水景为中心，围合成多个向心型庭院空间。布局紧凑，利用充分，通过框景、对景等方式营造出幽深、清朗或开敞的山水庭院。布局结合中西造景手法，基于中国传统自然山水构图，多运用规则式矩形水池，既讲究蜿蜒通幽，亦体现开朗豁达的空间氛围，形成富有特色的清晖园山水格局。

## 三、前中后区建筑群及景观特色

图 2-5　南部水景区鸟瞰图

### 1、主要建筑群落

清晖园依建筑布局分为南部水景区、中部林园区以及北部住宅区三个部分；三个区域通过池水、院落花墙、廊道楼厅等串联形成各自独立又相互渗透的“园中园”景色和意境。

#### ● 南部水景区

主体为一方形水池，池内栽满荷花，水池边设有澄漪亭、碧溪草堂及六角亭等建筑（图 2-5），三者以木制通花作饰的连廊及装饰有岭南佳果的滨水游廊相连接（图 2-6），打破了方池单调生硬的池岸直线，让水塘变得曲折和含蓄，并让环池景点相互呼应。

**澄漪亭**　一座依水而建的亭子（图 2-7），名为亭，实际采用典型的水榭做法。临水架起平台，平台部分架在岸上，部分伸入水中，上建长方形的单体建筑。亭子临水一面是落地门窗，打开八扇巨大的屏门，亭外的景色尽览无遗，还可到平台上游憩眺望；即使是关起门窗来，上面镶嵌的明瓦也可透进光线，显得古朴幽雅。

**碧溪草堂**　现今园内最古老的建筑（图 2-8），建于清道光丙午年（1846 年），是一座水磨青砖临水平房。草堂前面有由两根方形石柱支撑起的宽大门廊，贴水边设有长椅。草堂正面一幅精美的木雕镂空成一弯翠竹，形成圆形门洞，工艺精细，形态逼真。室内黑梁白瓦，地铺深红阶砖，门外石柱漆成赭色，设色偏于凝重；但面对的方池，却展现碧水云天、豁然开朗的景象。

**六角亭**　从碧溪草堂沿池塘回廊走数步，便是六角亭（图 2-9）。亭入口柱子挂有木刻对联“跨水架楹黄篱院落，拾香开镜燕子池塘”。亭子近水三面设“美人靠”，供人憩息赏景。亭的两边栽植水松，树干由水中耸立而出，苍劲挺拔，生机蓬勃。此亭位于方池的短边中间，人们坐在这里看池，水景显得最为深远，形成纵深感。

图 2-6　远眺南部水景（澄漪亭 + 六角亭 + 荷塘）

图 2-7　澄漪亭

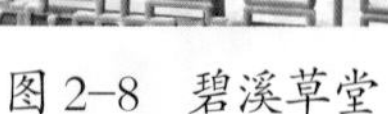

图 2-8　碧溪草堂

图 2-9　六角亭

### ● 中部林园区

主要为花木庭院，树荫径畅，敞厅疏栏，为全园景观重点。西面主要为读书建筑群，设有船厅、惜阴书屋、真砚斋等景观建筑；东部则广栽花草，设花亭、假山叠石等，掩映在绿云深处，周围径畅台净，令人流连忘返（图 2-10）。

图 2-10　中部林园区鸟瞰图

**船厅** 位于方池东北角，独树一帜，是全园建筑精华之一。据传说，当年清晖园主人有一位掌上明珠，主人特意为她建此临水船厅作为闺房，所以船厅又称“小姐楼”。船厅系仿珠江画舫“紫洞艇”而造的两层楼舫，其客厅与楼结合。船厅前为水景，整个建筑如浮于水上，船头植沙柳与紫藤，犹如缆樯挽船，别具匠心。建筑分上下两层，麻石基座，底层朝方池和庭院的两面均为镂花透光落地屏门，二层有开敞的回廊，围以疏透的木栏杆。船厅上层几面墙均设通排的窗户、棂格构成优美的图案，整体玲珑剔透（图 2-11）。

图 2-11 船厅（小姐楼）

**惜阴书屋** 位于船厅旁边，与之成直角排列。书屋名“惜阴”，即珍惜光阴的意思。这是一间建于清朝道光年间、比较简朴的平房，门前是麻石板铺地的宽敞庭院，再往前就是方形荷花池。书屋内可远观一池荷花，将岸边的澄漪亭、六角亭和碧溪草堂也尽收眼底（图 2-12）。

图 2-12 惜阴书屋前庭院景观

**真砚斋** 位于惜阴书屋后边，是供龙家子弟读书的地方。真砚斋的庭院与惜阴书屋门前的庭院风格迥异。这里浓荫蔽日，最突出的景致是一六角形水池，池中建有精美的假山，石山暗设小泉眼，终日滴水沥沥。庭中有曲折洁净的麻石小径，铺设在古树、小品和水池之间，可供人们随意流连赏玩，格外写意（图 2-13）。

图 2-13 真砚斋前庭院景观

**花亭与狮子山** 位于惜阴书屋左边地势较高处，此亭原称“风台”，曾被台风吹毁，龙清惠于清光绪十四年（1888 年）重建。花亭采用木制空间结构，不设天花板，整体简洁、明快、敞朗；亭顶以瓦筒和石灰塑造，轻盈古雅。狮子山坐落在花亭边，由英石堆叠而成，表面嶙峋起伏，纹理丰富，折皱繁密。坐在花亭里，远可纵览方池水景区和船厅的景色，近可细看狮子山（图 2-14）。

图 2-14 花亭与狮子山

## ● 北部住宅区

由竹苑、归寄庐、小蓬瀛等建筑小院组成，用东西走向的高墙与中部隔开，并在北部设独立的后门，显示出该区的私密特性（图 2-15）。北部住宅区建筑较为密集，假山迎面，巷院兼通，是日常生活起居之所。

图 2–15　北部住宅区鸟瞰图

**竹苑**　位于中部景区的西北部，是一个长形庭院。正门对联写着："风过有声留竹韵，月明无处不花香。"过洞门回望，门上方塑有"竹苑"二字，两旁装饰着灰塑绿色芭蕉叶，叶上又有一副对联："时泛花香溢，日高叶影重。"（图 2-16）竹苑地铺麻石板，洁净平整；麻石地两旁种植丛丛翠竹，日光照射过来，竹影便在左边的青砖墙上摇曳生姿（图 2-17）。庭院内有座石山斗洞，它形状狭长，起伏有致；石山下栽种了龙眼、九里香、修竹、棕竹等，野趣盎然，丰富了庭院的观赏内容，却无挤逼局促之感（图 2-18、图 2-19）。

图 2–16　竹苑正门对联

图 2–17　竹苑景观

图 2-18　石山斗洞

图 2-19　斗洞石山边的野趣

**归寄庐**　是一个单间厅堂，正面为半镂空、半封闭的落地屏门，装修古朴。厅名“归寄”，一方面有“辞官归故里”之意；另一方面有寄居园林之意。这“归”“寄”二字，表达了一种既留恋家园，又不甘心永远蛰居于此的矛盾心态（图 2-20）。

**小蓬瀛**　是与归寄庐相对的另一间厅堂，两者形制相似。“蓬”指“蓬莱”，“瀛”指“瀛洲”，均是神话传说中的仙岛。此名寄托了主人清高脱俗，追求美好生活的心迹（图 2-21）。厅堂内有一幅巨型彩绘木雕《百寿桃》，桃子是长寿的象征，虽名为百寿桃，实际数来只有 99 颗，“藏寿”同“长寿”，99 颗代表长长久久（图 2-22）。

图 2-20　归寄庐

图 2-21　小蓬瀛

图 2-22　彩绘木雕“百寿桃”

**笔生花馆**　“笔生花”出自李白“梦笔生花”典故，以此来寓意家族子弟学业有成。笔生花馆是一间砖木结构的平房。在它的西边墙壁上有一幅“苏武牧羊图”灰塑窗饰，是园内历史最悠久的一幅灰塑（图2-23）。画中的苏武，栩栩如生，手执节杖，须发皆白，牧着群羊，南望长安，思乡之情跃然壁上。

**状元堂**　位于全园的正北部，呈T字型。廊柱间仅有隔扇组成，没有砖墙，内部空间开阔大气，四面采用彩色玻璃门窗，装饰成满洲窗风格，通透光亮。精雕细刻的独特风格，令其疏朗大方，简洁明快（图2-24）。

**凤来峰**　为清晖园的最高点，由石头堆砌成，有多条曲径通往山顶小亭，沿途采用灰塑点缀，亦书有对联。古榕穿插假山壁间，喷泉飞流而下（图2-25）。

**留芬阁**　位于园区东北角，为两层碉楼式建筑，阁底设附屋，是园中另一独特的建筑。碉楼源于碉堡，为岭南建筑特有的形式（图2-26）。首层窗上镶有六块清代“八仙图”余下的蓝片玻璃，具有很高的文物收藏价值。

图2-23　灰塑“苏武牧羊”

图2-24　状元堂

图2-25　凤来峰

图2-26　留芬阁

## 2、建筑与景观特色

### ● 空间布局及环境营造呈现鲜明的岭南实用性风格

清晖园所在的顺德大良镇，属热带亚热带气候，炎热多雨，湿度大，夏秋常有台风暴雨。如前所述，无论是建筑的总体布局，还是朝向、通风条件，又或是南面和东面布置的大面积几何形水池、开放性庭园空间（图 2-27），西面和北面通过建筑组合形成的天井、巷道（图 2-28），以及比重较大、与当地的水乡风韵一致的水景和常以水面代替地面的做法等，都充分考虑当地的气候特点和要素，利用岭南地区风向条件，形成开敞通透的环境，达到更为有效的降温效果。建筑夏凉冬暖，实用舒服。

图 2-27 开敞式庭园

图 2-28 廊道与门洞形成的通风道

### ● 园中设园，空间变化丰富，互相渗透

清晖园布局的三个部分相对独立又互相渗透。在疏朗开阔的南部布置园林空间，在密集阴凉的北部后院布置生活起居的建筑群落。澄漪亭、碧溪草堂、六角亭、池廊、船厅、惜阴书屋、真砚斋、竹苑、归寄庐、笔生花馆、斗洞等众多的建筑物构成一组组相对独立的园区，同时又通过门洞漏窗、曲径小巷、花台曲院等方式相互连接，互相渗透，形成通透疏朗、变中有序、步移景异的“园中园”（图 2-29）。

图 2-29 “园中园”

图 2-30　半边亭和一勺亭

图 2-31　八表来香亭景观

## ● 建筑形式荟萃

清晖园内建筑物的数量繁多，荟萃了中国古典园林的各种建筑形式，包括亭、榭、厅、堂、轩、馆、楼、阁、廊、舫等。它们造型各异，灵巧多变，具有明显的岭南特色。建筑采用落地式屏风加上彩色玻璃，美丽大方，独具匠心。清晖园内活动空间多样，以相应的建筑形式适应当地的气候环境与需求。

**亭**　清晖园内亭的品种丰富，有六角亭、八角亭、半边亭、一勺亭等，景观特色各异（图 2-30）。沐英涧中的八表来香亭，使人置身在八角环流的池水中央。室内八面全是木制装饰的玻璃窗格。玻璃窗格以历史、传说人物为构图题材，是清代的玻璃精品，是极富收藏价值的珍贵文物（图 2-31）。

**廊**　为了在有限的面积中创造更多的景色，清晖园屋宇和景观的尺度都较为小巧。各屋宇通过倚墙廊道相连，形成“连房广厦”的建筑布局。通透的走廊与西洋样式的门洞体现了建筑同当地气候与文化的适宜性（图 2-32）。此外，状元堂、留芬阁、真砚斋、归寄庐、船厅等建筑形式也独具匠心，引人入胜。

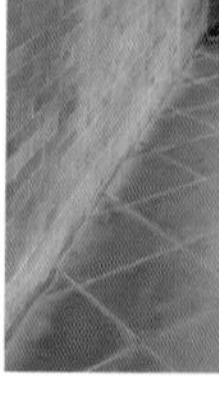

图 2-32　各式连廊

## 独具特色的别样理水

理水是清晖园营造的主体要素之一，水景使得清晖园独具特色。园内的水景形式多样，趣味各异。清晖园也是较早应用喷泉的典范（图 2-33）。但是，南部水景区荷花池却没按常理建造，它深池四壁，四周以高树廊房围绕，自得一派清凉，初夏荷花盛开之时，香气四溢。此外，水面开阔无障，使得澄漪亭、碧溪草堂、六角亭、池廊、船厅、惜阴书屋、真砚斋、花亭等景点好似国画长卷一一展开。对于这种对景相成、步移景异的全景式空间，人们完全可以将荷塘与船厅一带串联起来，作为长卷图画欣赏（图 2-34）。

八表来香亭四周活水环绕，水榭、小桥和水池成轴分布。水池两面构筑临池别馆，成为另一方天地。透过八表来香亭观景，别有风味（图 2-35）。

图 2-33 “读云轩”外水池

图 2-34　南部荷花池

图 2-35　八表来香亭周边水池

清晖园将理水与掇山很好地融合，形成独具特色的立体水景。在 20 世纪 90 年代，政府及有关部门修葺和扩建清晖园时，采取现代施工技术，建造了重达 2000 吨、高达 12.8m 的大型瀑布石山——凤来峰。经过读云轩，空间豁然开朗，巨大的凤来峰矗立在水池之中，山顶瀑布直流而下，水花四溅，蔚为壮观，与前方平如镜面的读云轩水池形成鲜明的对比（图 2-36）。山后有台阶，能达山巅之亭，俯瞰清晖园庭院景观（图 2-37）。

图 2–36　凤来峰 瀑布石山

图 2–37　凤来峰俯瞰清晖园水景

留芬阁边有一个锯齿形水池，池中有英石山九狮图，由英石砌筑而成的狮子或高或低，栩栩如生。流水由上倾泻而下，水石相融，远观近赏皆宜（图 2-38）。

图 2-38　留芬阁前英石狮山与跌水

## 掇山叠石

在岭南庭园中，掇山叠石与建筑空间的联系十分密切。由于占地狭小，为了争取庭园空间，岭南叠石假山以观赏性为主，多与池水、建筑、植物共同组成园林景观，以求获得以小见大的效果。假山石景着重于叠砌，吸取天然山景的各种形体，如峰峦、洞壑、涧谷、峭壁、悬崖等，加以概括提炼。其工艺精细，形象逼真，艺术风格活泼灵巧、富有魅力，增添了园林的观赏趣味，丰富了景观层次，使得园林更加幽深静谧。庭园虽小，但假山的存在使园林富于变化。

清晖园独特的掇山叠石随处可见，石景丰富多彩，令人印象深刻。这些石景形态各异，力求神似。

清晖园的掇山叠石可以分为叠山和置石两大类型，叠山又有峰型假山、壁型假山两种表现形式。

**峰型假山**　指在庭园当中垒石叠砌，依峰峦之型构图组合，主峰拔峭，客峰呼应，远观层次深远，近观山峦昂然。清晖园内斗洞假山、狮子山、凤来峰、石门等就属这一类，石景具有突兀、飞舞之势。

斗洞假山位于后庭直径狭长的通道上，造型峭拔挺秀，就像一座自然山石屏障。斗洞旁栽植的翠竹，也给假山增添了自然、幽静的气氛。漫步在后庭径道上，石景令游人注目，留步观赏。斗洞的设置既打破了周围环境的单调，又使附近两座原来贴得很近的建筑物拉开了距离，扩大了视野，有咫尺之地能容得下千山万水之感（图 2-39）。

狮子山设在中庭的小花园内，全部为英石叠砌，石景由一个大狮主峰和两个小狮客峰共同组成。叠石巧妙地利用群峰的呼应，大狮雄踞在上，气势非凡，两只小狮前扑后爬，十分可爱。石景构图紧凑，造型新奇自然，形态活现，栩栩如牛，有呼之欲出之感。狮山置在半山坡上，在花木掩映下时隐时现，有如狮群活跃在山野之中（图 2-40）。

图 2-39　斗洞假山

图 2-40　狮子山

凤来峰仿照古代经典的“风云际汇”石山构图而建，全高 12.8m，是广东省内最大、最高的花石岗石山。石山上有小径，一棵古榕穿山破石而长。石山上还有人工瀑布，峰下水池几块汀步踏石，引人进入山洞，野趣横生（图 2-41）。

图 2-41 凤来峰叠石景观

石门由英石叠砌而成，以大自然中的山洞为蓝本，按山石的纹理岩脉规律叠砌，造型如同落地罩。它主要布置在清晖园内多个交界处，既避免了庭园空间的一览无遗，又起到意境点题的作用。越过石门，大有柳暗花明，换了天地之感（图 2-42）。

图 2-42 各类石门

**壁型假山** 是指叠石依附庭园院墙而筑。明代造园家计成在《园冶》中对这类石景做法有这样的叙述:“聚石垒围墙，居山可拟。墙中嵌壁岩，或顶植卉木、垂萝，似有深境。”附于墙面的叠石壁山，多位于天井、走廊末端或转角处，为点缀之用，配植物、浮雕、流水成景。清晖园壁型假山石堪称一绝，造型峰峦起伏、姿态多样、随势摆设、神采透彻。壁型假山不但充分有效地利用了庭园空间，增加了庭园的层次感和优美感，同时也极其符合岭南庭园面积不大但务求实用的特点（图 2-43）。

图 2-43　园内造型各异的壁型假山

**置石**　以少量的山石作点缀，而不表现完整的山形。景石以欣赏山石本色为主，辅以植物点缀组成各式景观。散石造景简易，根据庭园景区地形、地势及组景欣赏要求，其布局多数设置在面积较大的庭园空间中的主石景四周，与主石景构成有机的整体景观，或者设在小型庭院内或建筑物的旁侧，作为空间过渡的媒介。清晖园内各空间交接处布置有各类的散石，不仅强化了庭园空间的导向性和观赏性，也突出了园林的自然习性。主石景在周围散石的衬托下，显得更加富有特色（图 2-44）。

图 2-44　清晖园各类散石置景

图 2-45　澄漪亭花窗

## ● 多姿多彩的花窗与框景

在中国古典园林中，花窗、洞门等常常能起到框景、漏景、借景等作用。清晖园内的花窗形式多样，有镶于院墙、用石湾陶艺品镶嵌的漏窗；有在波形花墙中，造成墙体空洞而富有装饰趣味的洞窗；有在房屋壁面上用木格固定或采用近现代铁艺的花窗等（图2-45）。这些花窗框住一幅园中景象，形成一个最佳的观赏视野及观赏角度。同时，随着距离的远近变化也会产生相应的景观透视变化，从而达到小中见大的效果。

**花窗**　运用花窗能在保证隐私与清静憩息的同时，使花窗自身形成可赏景观。若再辅以一枝或几条姿态倾斜的墙外花木，别有一番意蕴；又形成了对景观、天光的障与透，既分割空间又渗透流动，增加隐约朦胧的神秘感，增加景深，愈显幽雅情调，使隔墙内外的观赏者得到满足；还能统一园林内外景观主题，使空间景观产生更多的联系以及更丰富的观赏效果，起到移步换景的作用（图2-46）。

图 2-46　清晖园内隔墙上的各式花窗

**漏窗**　清晖园内的大扇形漏窗，位于沐英涧园区。从八表来香亭出门右转有一座石桥，桥一侧为石栏、一侧为砖墙，墙上开了一个与桥长同宽的大扇形漏窗，透出墙内的假山和瀑布。寻声而走，到一个平台，侧墙上有一组与桥上同样的巨形漏窗。这些造型优美而通透的漏窗虚多实少，不仅隔断空间，也加强不同空间的联系。扇形漏窗及其上的挂落装饰，再加上扇形窗漏出的亭台、水石、花木，就是幅完美的园林构图，成为岭南园林的桥墙典范（图 2-47）。

图 2-47　沐英涧园区大扇形漏窗

清晖园读云轩走廊外有一扇形窗，窗下贴墙设置半圆形花台。花台集水成景，搭配俏丽的钟乳石，内植水松，再点缀三三两两的睡莲，构成一幅完美的框景图，更是一幅齐聚园林四大要素——山石、水体、植物、建筑的微缩园林小景图，完美体现缩地千里、小中见大的园林艺术。花台外围用绿色竹节状石湾釉陶镶嵌而成，与白色的置石形成质感和颜色的对比，在大花紫薇、芭蕉、鸡蛋花、红花紫荆、山瑞香等植物的映衬下更显妖娆（图 2-48）。

图 2-48　读云轩外扇形框景

**门洞**　清晖园中的门洞形状多样，以立式酒瓶和圆形门洞为多，造型各异，同时也精妙无比（图 2-49）。

图 2-49　形状多样的门洞

**花窗和门洞独框成景**　园内的花窗和门洞常与某一景物相对，形成框景，有方形、矩形、弦月、花瓶、扇形等形状，外来之景如画一般镶嵌在“画框”之中。“画框”内一方天光、几枝翠竹、两三块灵石、一个盆景，犹如一幅幅小品，美不胜收。走出“画框”一步入园，辗转间园景围合又偏移，俯仰之间视线方向与视角悄然改变，竟让人不识原貌而忘记来路，回首后才发现曾游此地。这种隔漏相交的景象使人流连忘返、意趣无穷（图 2-50）。

图 2–50　美丽的框景

## ● 栩栩如生的灰塑壁画

灰塑，简而言之，灰是材料，塑是其灵魂，通过通花雕塑、彩绘壁画、多绘浮雕等手法，以立体彩绘的形式来表达意境。灰塑在明清两代最为盛行，是广东民间建筑的主要装饰工艺，也是岭南园林传统建筑特有的装饰艺术，一般设于建筑墙壁上和屋脊上。灰塑立体效果非常突出，形态栩栩如生，色彩富丽斑斓，充满浓郁的民间艺术特色，在2007年入选广东省非物质文化遗产。

园内大小型灰塑题材广泛，与砖、石和木雕相得益彰。大型灰塑作品以浮雕式壁画为主，主题鲜明，技艺新颖、美不胜收。园内大型灰塑作品有八件：风来峰观瀑亭墙灰塑壁画，名为《观瀑图》和《竹林七贤图》；“绿云”吸水石山下走廊凉亭东面、北面各有一幅以唐宋故事为题材的灰塑壁画，名为《解语之花》《放鹤亭记》；桥边六角亭内的《影不出山，迹不入俗》《虎溪三笑》；有百年的历史古物《苏武牧羊图》灰塑壁画，清晖园旧门左边墙灰塑壁画《白木棉九鱼图》（图2-51）。

小型灰塑装饰多在门联、门额窗框、山墙顶端、屋檐瓦脊、亭台牌坊、花坛等处，题材多以岭南佳木花鸟为主，蕴藏了吉祥如意的意境，色彩斑斓，做工精细，立体感强，衬得清晖园格外古朴精美，散发出浓郁的南粤风土气息（图2-52~图2-54）。

图2-52　灰塑楹联

图2-51 灰塑《白木棉九鱼图》

图2-53　门额上的灰塑“品石”

图2-54　花坛、树坛的灰塑

## 精妙独到的木雕工艺

清晖园木雕工艺的运用精妙独到。木雕是传统的民间手工艺，极富地方特色。在园林建筑中，常运用木雕作为室内外装饰。木雕作品内容丰富、工艺精湛，其雕刻技法既有简练粗放的，又有精雕细刻的，两者相互映托，使园林堂皇庄重，又不失拙趣。碧溪草堂的正门为圆洞形（学名圆光罩），门框镂雕成两束交叠的翠竹，工艺精美，形态逼真（图 2-55）。建筑物之雕镂绘饰多以岭南佳木、花鸟吉祥如意等为题材，如状元堂的福寿、祥云吉祥木雕，清晖印社内的荷叶木雕，园内回廊的飞鸟木雕，六角亭至碧溪堂的滨水游廊岭南佳果木雕，都栩栩如生，非常精美。（图 2-56）。

图 2–55　碧溪草堂 翠竹木雕

"福寿" 木雕

"祥云吉祥" 木雕

"荷叶" 木雕

"檐下飞鸟" 木雕

图 2–56　各式建筑装饰木雕

● **多种材料的融合彰显岭南海纳百川文化特色**

清晖园在建筑装饰方面不拘泥于传统束缚，从实用功能出发，适当加以艺术元素，大胆运用多类现代材料表达古典的意境，而且不显得杂乱，恰到好处地表现建筑的功用与美学特征，真正为主人所用。

比如漏窗，不仅图案有质的变化，玻璃也渐渐成为主导材料。建筑外立面以豆青色的青砖为主色调，点缀色彩富于变化的彩窗，构成强烈的视觉冲击力，使清晖园既有古朴的中国传统艺术特色，又具有丰富多彩的西方艺术特征；同时还在建筑物之间形成呼应，统一整个园林的风格，形成鲜明的特色。

**清朝乾隆年间的“羊城八景”蚀刻金片玻璃**　园内沐英涧入口上方，保存着一套清朝乾隆年间的“羊城八景”漏窗玻璃藏品（图 2-57）。漏窗两侧窗门上还镶着绿、红、蓝、黄的套色雕刻玻璃，透过玻璃可以看到窗外不同季节的景色（图 2-58）。这一套“羊城八景”为蚀刻金片玻璃，包括“白云晚望”“大通烟雨”“蒲涧濂泉”“波罗浴日”“珠江夜月”“金山古寺”“景泰僧归”“石门返照”，是目前仅存于世的一套清代古羊城八景套色雕刻玻璃珍品，已被初步鉴定为国家一级保护文物（图 2-59）。清代套色雕刻玻璃的运用，不仅大大丰富了漏窗图案的色彩，更增强了观赏的悦目效果和历史文化内涵。

图 2−57　沐英涧入口 漏窗玻璃

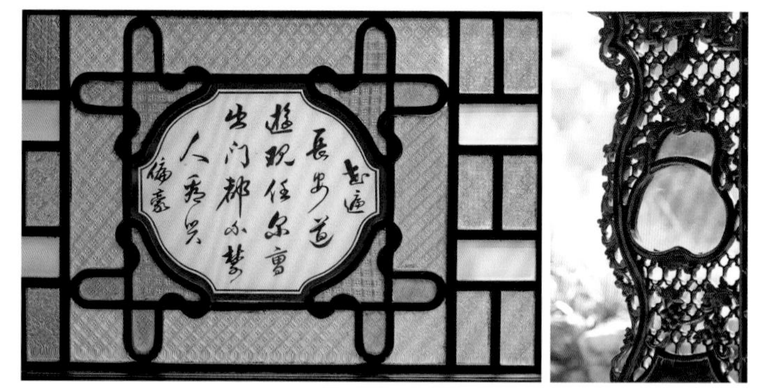

图 2−58　彩色套色玻璃

清代“羊城八景”蚀刻金片玻璃套图

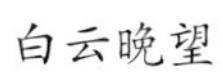

白云晚望

大通烟雨

蒲涧濂泉

波罗浴日

珠江夜月

金山古寺

景泰僧归

石门返照

图 2-59　清代“羊城八景”套图及单图（国家一级文物）　　（摄影　杨卫国）

**“八仙图”蚀刻蓝片玻璃**　留芬阁首层窗上镶有六块蚀刻蓝片玻璃，主题是传说“八仙过海”中的六位仙人（图 2-60）。

蚀刻蓝片玻璃

何仙姑

韩湘子

蓝采和

吕洞宾

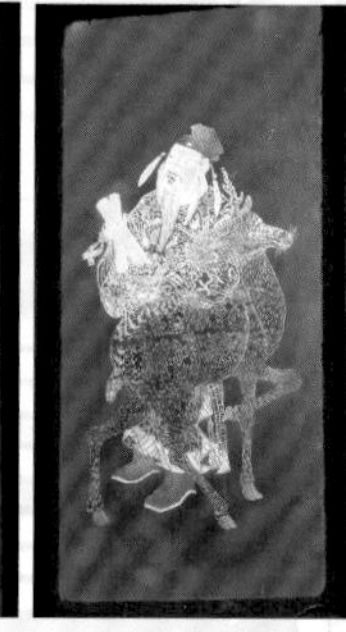

曹国舅

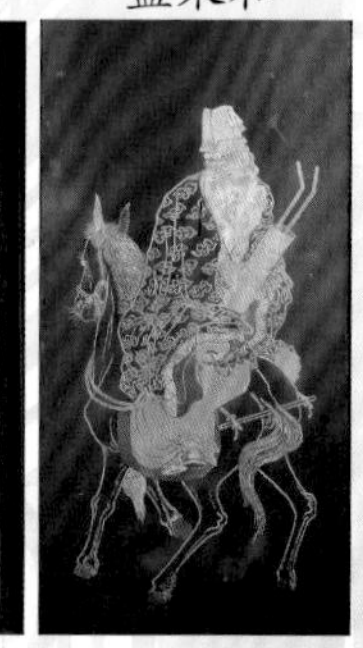

张果老

图 2-60　留芬阁“八仙图”中的六位仙人　（摄影　杨卫国）

**木制装饰的五彩玻璃窗格**　园中另一座颇有特色的玻璃建筑是沐英涧中的八表来香亭，室内八面全是木制装饰的玻璃窗格。另外，园中的最高建筑留芬阁、韫玉堂、读云轩、临池别馆等，均在窗格上镶嵌五彩玻璃，独具特色（图 2-61）。

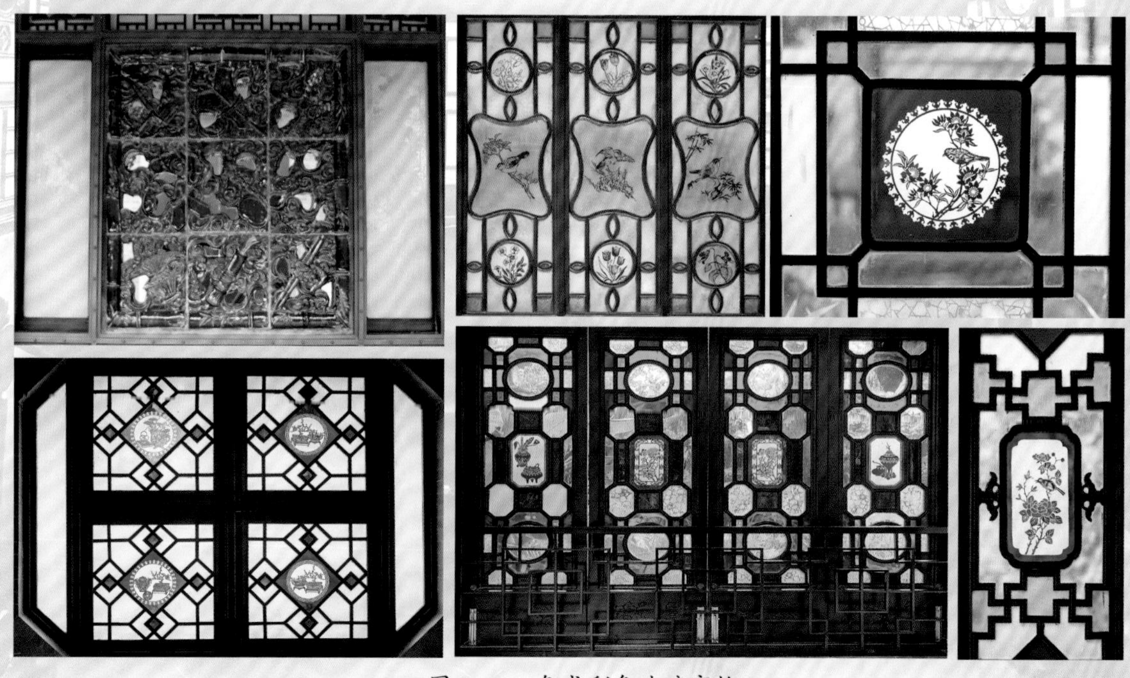

图 2-61　各式彩色玻璃窗格

**状元堂的四面彩窗**

整个建筑不砌砖墙，廊柱间全用隔扇组成，四周镶嵌彩色玻璃，装饰成满洲窗风格，剔透明亮。这些玻璃制品可分上下两部分进行观赏，接近天花的上半部分，以不同的色块组合成宝鼎、花瓶、水果等静物图案；接近裙板的下半部分，在各种单色的玻璃上以精致的线条勾勒出竹石兰蝶、小桥流水、喜鹊登梅等景物，宜于近赏（图 2-62）。

图 2–62　“状元堂”彩色玻璃

**其他材料结合应用形式**

西洋栏杆与地面青砖的结合围栏；彩色琉璃与青砖共用制作花台（图 2-63~ 图 2-64）；中西式手法的八角壁裂池龙型喷泉（图 2-65）。

图 2–63　中西式围栏

图 2–64　琉璃瓦与青砖花台

图 2–65　八角壁裂池龙型喷泉

## 四、园林植物丰富与建筑映衬多样景观

清晖园花木繁多，有丰富的岭南特有果树花草，还引种了约一百种珍稀新奇、原产于异域的品种，十分难得。

### 1、众多古树和大树，各自成景

园内古树名木众多，如碧溪草堂旁的一株龙眼树已有220年的历史，是清晖园中最老的一棵古树，见证和护佑了龙家五代子孙的繁荣昌盛。园内还有树龄160年的银杏，树龄120年的白玉兰、玉堂春等多种名贵树木，树龄百年有余的沙柳、紫藤、龙眼、水松等，一年四季葱茏满目，更加衬托出清晖园的厚重文化（图2-66）。

碧溪草堂旁220年龙眼树

花亭旁170年龙眼树

留芬阁前160年龙眼树

图2-66　园内古树

古树独自成景，在惜阴书屋、真砚斋、绿云深处、小姐楼、丫鬟楼围合的庭院中，孤植杨桃，清新俊逸；澄漪亭旁孤植垂柳，摇曳多姿；留芬阁旁孤植芒果，惜阴书屋旁孤植杨桃等，使得清晖园的岁月沉淀更加厚重精彩（图 2-67、图 2-68、图 2-69）。

图 2–67　澄漪亭旁垂柳

图 2–68　留芬阁前芒果

图 2–69　惜阴书屋前杨桃

## 2、乡土植物丰富

园内庭园种植了多种乡土植物，鸡蛋花、水松、黄葛树、细叶榕、龙眼等均为本地常见树种。树木以常绿乔木居多，高大荫浓，清幽凉意浓，如细叶榕。果树在树植中占了相当大的比例，种类主要有卢橘、杨梅、芒果、杨桃、香蕉、菠萝、龙眼、木瓜、槟榔、橄榄、蒲桃、苹婆等（图 2-70），充分显示了清晖园是为主人起居而建的，以及主人一家其乐融融享受生活的日常乐趣。

黄葛树

细叶榕

图 2–70　岭南乡土树木

### 3、外来植物品种多样

园内引种于其他地方的植物品种多样性特点突出，园内栽种了苏杭园林常用的紫竹、枸骨、紫藤、五针松、金钱松、七瓜枫、羽毛枫等，并从山东等地刻意搜集了龙顺枣、龙瓜槐、白蜡树等北方树种，品种丰富，多姿多彩，增添了园内景观的趣味性和多样性（图 2-71）。当时交通运输条件落后，能成功做到实属难得。

图 2–71　白蜡树

### 4、植物与建筑互为衬托四季成景

清晖园所在的顺德陈村历来是莳花名镇，所以清晖园除了树木繁多，奇花异草也是满庭生辉，四时不绝，形成了相比江南园林“杂树成林，取其不凋者”的独特优势。古木与古色古香之楼阁亭榭交相掩映，

图 2–72　船厅前紫藤与沙柳

图 2–73　竹苑两旁的翠竹和芭蕉

徜徉其间，步移景换，令人流连忘返。清晖园的主体建筑船厅，船头池塘边植有沙柳树，靠厅而长；沙柳树旁有一棵百年紫藤，犹如一条缆绳，缠着沙柳树攀援而上，每逢阳春三月，绽出朵朵紫蓝色小花，香气袭人（图2-72）。在通往竹苑的园路两边狭窄地块内种植芭蕉，使园林空间更显简洁，引导性强；在竹苑两侧花池中种植一排刚竹，一排佛肚竹和桂花，形成视线廊道，引人入胜，加上桂花的芳香，使竹苑、笔生花馆名副其实，凸显文人风骨（图2-73）。

园内植物不仅仅着眼于绿，重要的是具有自然画意。栽种的野芋头、野蕨、水葵、美人蕉、龟背竹等，不单野趣横生，还具有强烈的地方特色；在花卉品种的选择上，力求同中求异、异中求同，以达到风花雪月、光影常新的效果（图2-74）。

图2–74　清晖园内的野趣绿植

### 5、丰富的岭南特色盆景植物景观

清晖园中常用树池、花台种植植物，如放大的盆景，又像缩小的园林，形成园中有园，景中有景的特色。花台内植小乔木、灌木，以清奇秀丽为主，种植造型别致，以树干优雅的小乔木或灌木为主，配置英石、湖石等，以地被植物覆土。以石代山、小乔木、灌木代替古树，地被代林，效仿自然（图 2-75）。

花木以花台围护，既丰富了观赏性，又有效保护了古树名木，花台的实用价值得以充分利用。留芬阁临池桥边，由两相邻的方形灰塑花台栽植的簕杜鹃被修剪成倒元宝形的“连理树”，如桥似拱，使花台和植物和谐映衬，极具观赏性和趣味性（图 2-76）。

图 2-75　留芬阁前“连理树”

图 2-76　花台小景△▽

## 五、清晖园蕴藏的文化艺术内涵

清晖园让无数中外游客慕名而至，除风景绚美之因素外，还因为其中的文化与历史。园林内的文物古迹，丰富了文化内容，让游客产生更多的兴致与联想。文物凭园林赖以保存，园林借文物以丰富多彩，两者相辅相成。

### 1、惜阴书屋好读书

清晖园的惜阴书屋、真砚斋是族内才子切磋、显才艺的场所，也是与社会贤达、文人雅士交流之地，园主家族诸多进士、举人皆出于此。有了惜阴书屋，龙家历代多出佳词妙句；同时也收藏许多历代名人真迹。

清晖园内，几乎每座建筑物都刻有历代名人手书的牌匾对联，如清晖园的园名题字为江苏武进士、书法家李兆洛所书（图 2-77）；挂于船厅与惜阴书屋之间游廊上的“绿云深处”匾额为乾隆帝十一子、书法家成亲王所书；“真砚斋”的匾额是由晚清杰出书法家何绍基所题（图 2-78）；碧溪草堂前的六角亭内高悬著名书法家、雕刻家黄士陵所题“绿杨春院”的匾额（图 2-79）；“小蓬瀛”的牌匾为乾隆年间著名诗人、书法家宋湘手笔（图 2-80）；而咸丰探花、礼部兼工部右侍郎李文田，由于与龙家的特殊渊源，在清晖园中更是留下真迹甚多，如花筑亭原有的“风台”二字牌匾和“归寄庐”皆出自这位李探花之手（图 2-81）。

图 2-77 “清晖园”园名题字

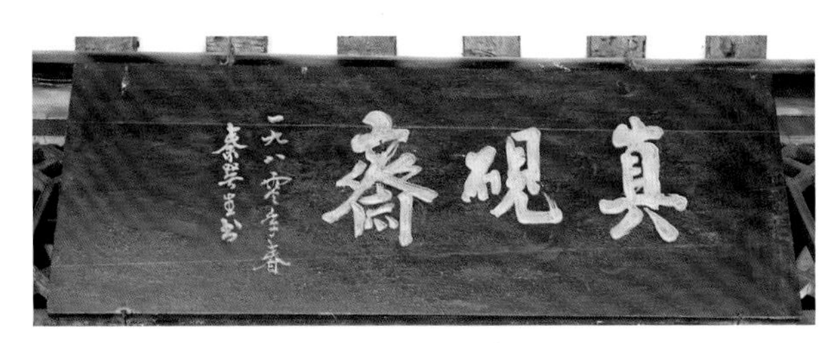


图 2-78 “真砚斋”匾额

图 2-79 六角亭内“绿杨春院”匾额

图 2-80 “小蓬瀛”匾额

图 2-81 “归寄庐”匾额

图 2-82　蝙蝠木雕

图 2-83　碧溪草堂下“百寿图”

## 2、装饰题材寓义深远

清晖园在装饰方面也通过一定的意象题材表现出如增福添寿、五福临门、财源滚滚等传统的文化思想，深刻而含蓄地表达了美好祝愿，如：蝙蝠木雕（图 2-82）、百寿图（图 2-83）等；灰塑作品以浮雕式壁画和门联为主，题材丰富，色彩富丽斑斓，令人赏心悦目（图 2-84~ 图 2-85）。

图 2-84　灰塑“增福添寿”

图 2-85 门额上的灰塑“喜上眉梢”

# 第三章 番禺余荫山房

余荫山房地处广州市番禺区南村镇，始建于清同治六年（公元1867年），同治十年（公元1871年）建成，为纪念和永泽先祖福荫，取“余荫”二字作园名；又因地处偏僻之地，取作“山房”以示谦逊。余荫山房是清代广东四大古典私家园林之一，全国文物重点保护单位，全国近现代优秀建筑单位，具有较高的历史价值和科学价值。

余荫山房园主邬彬（1824—1897年），字燕天，是清朝举人，咸丰五年（1855年）因“克襄王事”被授为通奉大夫，官至从二品。邬彬在京任职期间正值园林发展大潮，北方的统治阶级、江南的官宦文人营造宫署和私家园林之风盛行。在这股造园风潮的影响下，邬彬也想有朝一日衣锦还乡后，修筑一个适宜归隐闲逸生活的私家园林，于是请苏杭画师绘制景观图纸，以待日后退职回乡实施（图3-1）。咸丰八年（1858年），邬彬以母年迈为由，辞去官职，全心料理家业的同时勤奋读书，于同治六年（1867年）乡试中举，族人将建造潜居邬公祠和善言邬公祠所剩下约三亩的土地赏给邬彬。邬彬便参考画师绘制的园林景观图纸和在京任职时获贝勒王爷赠送的一幅水粉画（图3-2），又借鉴广州“海山仙馆”的造园技法，因地制宜，建造余荫山房。经过五年时间，耗资白银三万两，余荫山房于同治十年（1871年）落成。1922年，园主人的第四代孙邬仲瑜在余荫山房南角添建了瑜园，以作息居宴客之所，其子女也曾在内居住。图3-1、图3-2均翻拍于《岭南建筑经典丛书 岭南园林系列 余荫山房》

图3-1 19世纪中叶苏杭画师绘制的《余荫山房图》

图3-2 19世纪中叶贝勒王爷赠予园主的水粉画

新中国成立初期，余荫山房国有化，成为当地政府番禺县第五区公所的机关驻地，1959 年公社进行了一次维修保养。1966 年，余荫山房和善言邬公祠前的石鼓、石雕等均遭到严重损坏。当时公社召开了全体干部会议，专题研究余荫山房的保护措施，比如用砂浆覆盖石刻门匾“余荫山房”、木刻名联“余地三弓红雨足，阴天一角绿云深”等；对玲珑水榭的“百鸟归巢”、深柳堂的“松鹤延年”等用纸双面密封，并写上“宿舍重地，非请勿进”等标语。余荫山房因为公社干部的挺身而出，得以保存基本原貌。1978 年余荫山房开始有了命运的转机；1985 年余荫山房重修后对外开放；2001 年余荫山房被评为全国重点文物保护单位；2004 年政府有关部门按照“修旧如旧”原则，在保持历史风貌的基础上，进行全园范围内大规模整修，并配置清代风格家具，使余荫山房告别了以往破败的情形。

## 一、整体布局

现在的余荫山房建筑群主要有三大部分：善言邬公祠、余荫山房和瑜园；其中余荫山房仅 1598m$^2$，因“嘉树浓荫，藏而不露，缩龙成寸，小巧玲珑”被世人誉为岭南园林小型宅园的代表作（图 3-3）。

图 3-3　余荫山房建筑群总图

## 1、明显轴线，别样格局

余荫山房建筑群平面布局采用纵横两条轴线垂直相交的手法，一条以深柳堂、方池、临池别馆为主轴，另一条以玲珑水榭、画桥、方池、山石为次轴，两轴线相交于方池正中，将园中琳琅满目的景物组织成有秩序有韵律的整体（图 3-4）。

## 2、以水居中，环水建园

余荫山房建筑群布局紧凑灵活，以庭院为中心，围绕东西两个几何形水庭布置，有效地增强了庭园空间的视觉效果。

## 3、对外封闭，对内开敞

余荫山房建筑群地处闹市，无外景可借，整体空间布局呈现对外封闭的状态，外面看起来只是一间民居大宅。因为岭南地区具有日照长、幅射强、湿度大等特征，余荫山房建筑群设计成内部空间开敞的形式，推门而入，才能发现里面藏着一个幽深广阔的庭园，别有洞天（图 3-5）。

## 4、前疏后密、前低后高

廊、桥、水、石是庭院重要的组成要素。为了适应岭南地区炎热的夏季，迎合夏季主导风，水池居中布置，建筑围边而设，余荫山房建筑群形成了前疏后密、前低后高、中间开敞的布局，高度适应岭南地区湿热多雨的气候环境需求。

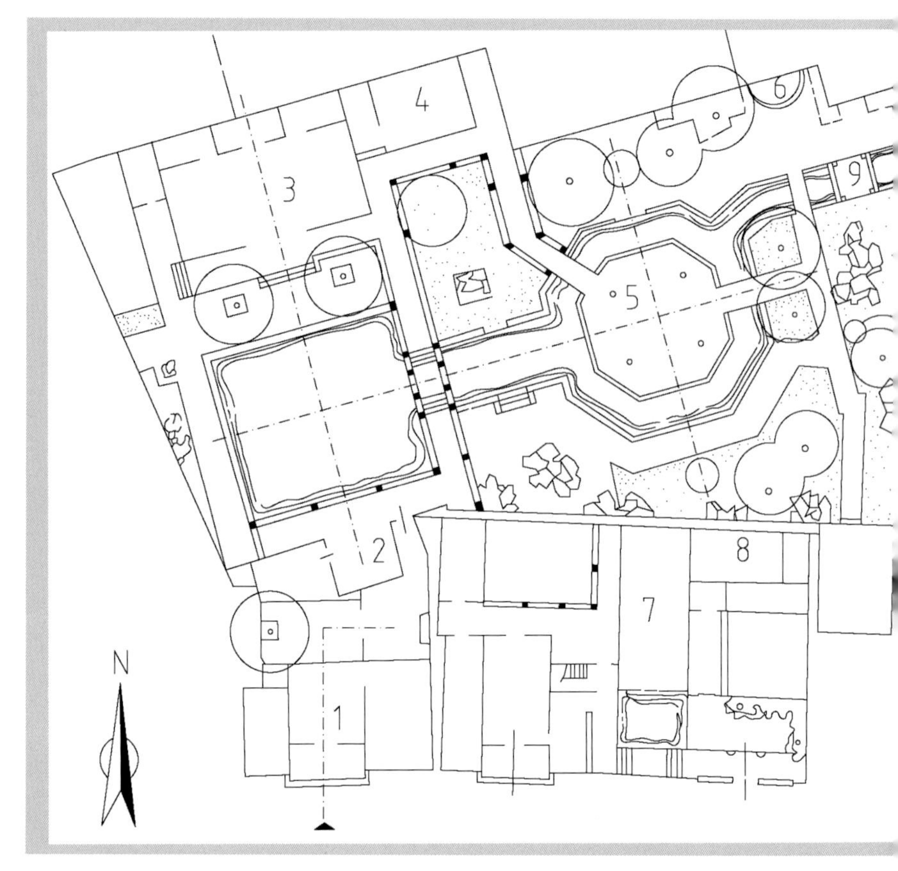


1. 园门（正门） 3. 深柳堂 5. 玲珑水榭 7. 瑜园船厅 9. 孔雀亭
2. 临池别馆 4. 卧瓢庐 6. 来薰亭 8. 瑜园书房

图 3-4　余荫山房建筑群平面图

图 3-5　环水建园——“外封闭　内开敞”

## 二、规划布局特点

园内建筑以生活性为主，密度大，但通透、开敞。由于余荫山房建筑群占地面积小，为突破空间的局限，布局多曲折幽深，高低错落，力求小中见大。亭、堂、楼、榭与山、石、池、桥搭配自如，建筑间相互结合，构成整体，处处成景。余荫山房建筑群的建筑形式充分考虑岭南气候特征，追求艺术性的同时，在通风、采光、遮阳、室内空间的通透等方面，做到了实用和舒适。

### 1、小中见大

余荫山房建筑群面积虽小，但是布局精巧，巧用“缩龙成寸”手法，将馆、楼、台、轩、榭、山、石等全数收纳于其中，借助游廊、拱桥、花径等将建筑与景观相互贯穿，间歇配以明水、虚竹与假山，又有回廊、花窗与影壁，形成园中有园、景中有景、幽深广阔的境界，营造出虽小若大、清雅幽深的园林艺术效果（图 3-6）。

图 3–6　小中见大的布局效果

## 2、虚实相间

园林的空间布局讲究虚实相间，峰回路转，别有情趣，引人遐想。余荫山房建筑群就采用了虚实相间、曲折回环的手法营造出各种意外之景，比如建筑是实的，而水则是柔和的，一实一柔拉开了实景间的距离；粉墙为实，花窗为虚，粉墙上布置花窗形成了近景实远景虚的空间对比；廊柱栏杆为实，镂空部分为虚，两者结合中虚实相生又相互映衬（图 3-7）。

## 3、藏露结合

余荫山房建筑群的空间布局采用先抑后扬、藏露结合的手法，让景观在适合的时候、适当的地方才显露出来。在主入口前的凹门廊处，门额嵌“余荫山房”石匾，雅朴寻常，与一般民居无异。人们进入主入口后，要先通过门厅的小天井转角，看到对面的砖雕照壁，再穿过“竹墙夹翠”的曲折窄道，最后才到庭院的入口园门。再比如园内的浣红跨绿廊桥把空间划分为东西两区，人们进入园内，先看到的是深柳堂、荷池、临池别馆及拱桥，而拱桥东面以玲珑水榭为主的景物隐约可见，这种欲露还藏、犹抱琵琶半遮面的手法，使景观忽隐忽现，丰富而多姿多彩（图 3-8）。

图 3–7　峰回路转与虚实相间的景观

图 3–8　藏露结合的景观

## 三、功能分区及主要建筑

余荫山房建筑群按功能和景观划分为三大部分：善言邬公祠、余荫山房和瑜园（图 3-9）。

### 1、善言邬公祠

善言邬公祠（图 3-10）面宽三间，进深三间。建筑凝重，外观庄严肃穆。大门两侧有鼓乐台，门前摆设象征宗族权威和门第高贵的石鼓（图 3-11）。大门分设上下两层，不设槛闸。善言邬公祠平常只开启下层脚门，族人进入祠堂必须躬身，以示对祖先的尊敬。当有喜庆活动时大门上下层全开启，欢迎贵宾，族人则从两侧青云巷入内。

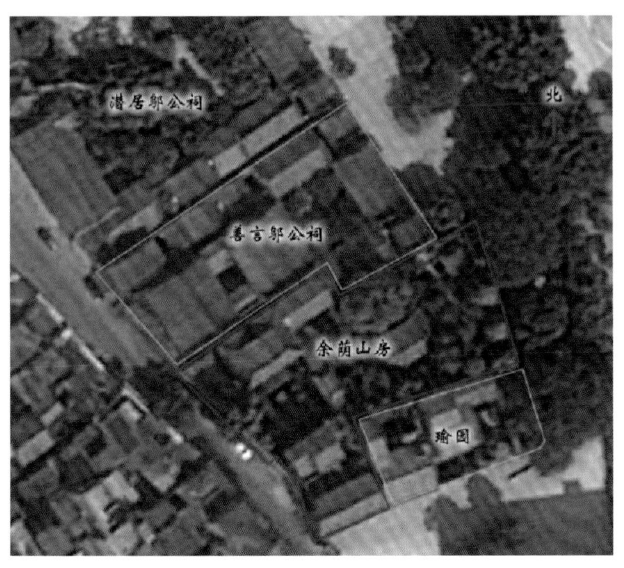


图 3-9　余荫山房建筑群分区图

图 3-10　善言邬公祠鸟瞰图

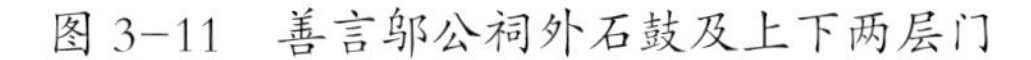

图 3-11　善言邬公祠外石鼓及上下两层门

善言邬公祠处处彰显宗族文化，如均安堂对联“惟孝友乃可传家，兄弟休戚相关则外侮何犹而介入；舍诗书无以贻后，子孙见闻不俗虽中材未至为非耕”（图3-12），两边侧门“扬烈”“诵芬”和青云巷的“凤起”、“蛟腾”（图3-13），以及祠堂大门、梁柱等上的六国大封相、封神榜故事人物木雕装饰等，都是宗族文化的体现。

除了堂内的布局考究外，屋脊也采用了大量灰塑装饰，图案精美，寓意深刻（图3-14）。门厅正脊东面的“康宁图”寓事业有成，康乐安宁；西面的“天伦图”寓龙凤呈祥，幸福家园；南面的“喜鹊竹子”寓喜报平安；享堂正脊东面的“高冠富贵图”寓升官发财，衣锦荣归；西面的“春魁报喜图”寓父子登科，双喜临门之意等。

图3-12　均安堂及门联

图3-13　青云巷门匾“凤起”“蛟腾”

图3-14　善言邬公祠屋脊灰塑

## 2、余荫山房

余荫山房包括浣红跨绿桥、深柳堂、临池别馆、卧瓢庐、玲珑水榭等建筑。他们围水而设，各具特色。余荫山房是岭南园林小型宅园因地制宜的杰出代表（图 3-15）。

图 3-15　余荫山房鸟瞰图

图 3-16 “虹桥印月”

### 浣红跨绿桥——“虹桥印月”

浣红跨绿桥是余荫山房最有特色的建筑之一，为卷棚歇山顶式建筑。前后分别题额“浣红”“跨绿”，故称“浣红跨绿桥”。廊桥全长仅20m，桥、廊、亭巧妙地构成一体。桥下设置拱形桥洞，与水中的倒影组成一个完整的椭圆形。透过廊桥，人们还能隐约看到对面的水榭、叠石、树木等景色。这些景观增添了幽邃的效果。廊桥南北设置，将园景分为东、西两部分，以游廊式拱桥为界。建筑绕水而建，形成以水为中心的园林布局景观。

这座拱桥是桥、廊、亭三合一的杰作，表现了设计者的独到构思和造园者的高超技艺。莲池的水与园外的河流水系相通，每年端午河水上涨，池中的水就刚好涨到桥孔正中，于是上下倒影就形成一个正圆，营造了岭南园林最经典的景色——“虹桥印月”，也成为余荫山房的形象标记（图 3-16）。

## 深柳堂——“深柳藏珍”

图 3-17　深柳堂

深柳堂是园内的主体建筑（图3-17），为屋主会客之所。深柳堂外表华丽大气，内部装饰精细，体型高大，是园内的精华所在。深柳堂面宽3间，进深2间；堂前有廊，墙上置窗，中设隔扇，层次分明。

堂内中央设“松鹤延年”落地花罩（图3-18），悬挂“深柳堂”木匾（图3-19）。堂前镶嵌满洲窗格墙壁，古色古香（图3-20），32幅桃木扇隔画橱、碧纱橱的几扇紫檀屏风都是著名木雕珍品(图3-21)。东次间设4幅紫檀木屏，屏门双面刻有清代大学士刘墉及晚清广东三大才子刘山舟、张船山、翁方纲等名人的诗句手迹（图3-22）。西侧供有咸丰皇帝敕封园主的圣旨长匾，裙板和四周嵌有檀木透雕纹饰。深柳堂是该园木刻工艺和书法绘画集中之地，书香浓郁，珍品极多，成为园中的奇观“深柳藏珍”。

图 3-18“松鹤延年”落地花罩

图 3-19　深柳堂大堂

图 3-20　深柳堂侧室桃木扇隔画橱及满洲窗

图 3-21　深柳堂侧室桃木扇隔画橱

图 3-22　深柳堂紫檀木屏

堂前有一棵已有百年历史的炮仗花，由屋主亲手所植（图 3-23）。左右花坛还有两株榆树，树干苍劲挺拔，向南悬挑于荷池上方（图 3-24）。

图 3-23　深柳堂前炮仗花古藤

图 3-24　深柳堂前古榆树

## 临池别馆

馆内装饰朴素简洁，只有1厅1房，是原主人读书写作的书斋（图3-25）。临池别馆与深柳堂两两相对，一华丽一简单，形成鲜明对比。临池别馆外观新颖，以细腻的冰纹花隔断涂金假窗装饰，又有玻璃花楞漏窗（图3-26）、蓝白相间玻璃窗（图3-27），通过玻璃面的变换，给园林平添不少雅趣。

馆前的檐廊天花、檐柱栏杆均使用“卍”字图案，“卍”字看似几何图形，但从四端能延伸绘出各种图案，意味着绵延不绝，富贵不断；唐代时也被认为是“万”字，有万事如意、万寿无疆等寓意（图3-28）。

图3-25　临池别馆

图3-26　临池别馆漏窗

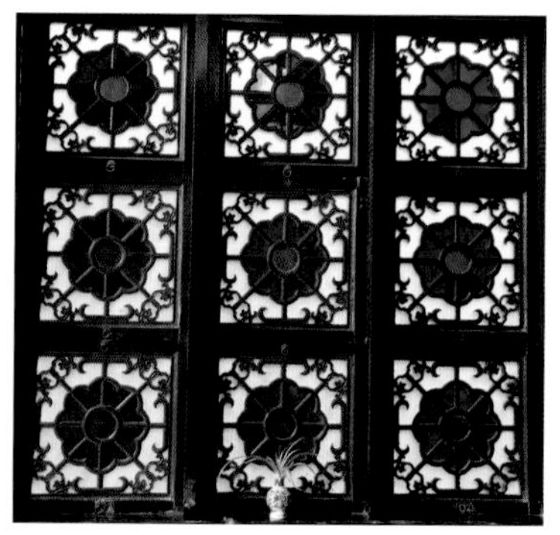

图3-27　临池别馆彩色玻璃窗

图3-28　“卍”图案

图 3-29　卧瓢庐内饰

## 卧瓢庐

进门第一间内有 1 厅 1 房，正门设有 4 幅隔扇，裙板上雕刻有四季花卉，南门两侧为菱形蓝白玻璃窗(图 3-29）。屋内有极具特色的百叶窗，它的做法是在传统满洲窗扇上卸去木花格和玻璃，保留周边木框，装上活动木百叶，配上灵活开关，很有中西合璧的特点。它既可通风，又可透光，当客人需要小憩的时候就可以合拢木页，起到了遮光的效果。

图 3-30　透过内花窗看窗外

卧瓢庐是园主安排客人小憩之所，虽然陈设简朴，但四季窗别具特色。园主曾在北京做过官，辞官回乡后非常怀念北方冬日的雪景，所以他用白色和蓝色玻璃来镶嵌窗格。透过蓝色玻璃向外望去，园内宛如一番严冬下雪的景致，白茫茫一片覆盖在山石上，让人不由自主怀念北国风光。将两扇窗重叠起来往外看，窗外一片通红，仿佛是在欣赏深秋的满树红叶；若把窗完全打开，看出去就是自然的岭南季节性景观，精心的构思与巧妙的园艺，让人叹为观止（图 3-30、图 3-31）。

图 3-31　卧瓢庐四季窗

## 玲珑水榭

又称八角亭，是屋主吟风弄月、把酒吟诗的地方（图 3-32）。在余荫山房中，玲珑水榭的体量较大，但却不会显得局促与臃肿，因为它八面环水，侧边水沟宽约 2.5m，沟外是驳岸栏河，下面是花砖铺路，路中有花池绿带，再往外有假山、树木、围墙，层层递进。徜徉其中，犹如沉浸在天然之中，逍遥自在（图 3-33）。八面全是窗户，窗上是极具特色的网花窗棂，无论哪个季节，无论从哪个角度，都能看到不同的美景："丹桂迎旭日"（图 3-34）"杨柳楼台青""腊梅花开盛"（图 3-35、图 3-36）…… 坐在亭内就可以尽赏窗外一年四季的植物美景。不同角度望出去，景色迷人，富有诗情画意。西南处有叠石成山，峰峦叠嶂，枝蔓丛生，即"石林咫尺形"（图 3-37）。正西一座浣红跨绿廊桥架在莲池上，一派岭南水乡的景色，满池清晖，即"虹桥清辉映"（图 3-38）。"卧瓢听琴声"（图 3-39）意指位于西北角的卧瓢庐。卧瓢庐与玲珑水榭之间有廊道联通，又有庭院空间，植有南洋杉、白兰花等大树，是抚琴对弈的最佳场所；"果坛兰幽径"（图 3-40）则意指北面的庭院空间。庭院内种植有兰花、菠萝蜜、凤眼果等。兰果交替之时，漫步其中，充满诗情画意。看向东北面，有座倚墙而建的来熏亭，边上有跨水而建的孔雀亭，似"孔雀尽开屏"（图 3-41）。此景形似官员们的顶戴花翎上孔雀的翎毛装饰，说明园主对往事的追忆和无限的遐想。

图 3-32　玲珑水榭正东入口

图 3-33　玲珑水榭景色

图 3-34　丹桂迎旭日

图 3-35　杨柳楼台青

图 3-36　腊梅花开盛

图 3-37　石林咫尺形

图 3-38 “虹桥清辉映”

图 3-39 “卧瓢听琴声”

图 3-40 “果坛兰幽径”

图 3-41 来熏亭

### 3、瑜园

瑜园位于余荫山房建筑群东南角，由1922年第四代园主孙加建，面积只有余荫山房的一半，以建筑为主，庭院为辅，是息居宴客之所。园内的船厅、观鱼桥（图3-42）、曲水流觞亭（图3-43）等建筑的外貌、室内装饰均与余荫山房融为一体，二者通过“南苑”洞门相连（图3-44）。因为用地紧凑，为争取空间，主要建筑均为两层楼房，船厅、听涛小阁、望月楼等都临余荫山房而建，相互因借。从山房内仰望，只见瑜园楼阁参差；从瑜园二楼俯瞰，又可将山房内的如画美景尽收眼底。

瑜园首层的门窗多作开敞式处理，采用通透的格扇花，室内外用挂落、花罩灵活分隔，举目所望，视线通透，又不能一眼望尽，有含蓄不尽之意（图3-45）。首层迂回曲折，庭院与建筑互相穿插，通过廊、门、洞、漏窗、过道等相互渗透，桥、亭、池、馆布局紧凑，形成院外有院、门外有门、层层叠叠之感（图3-46）。

图3-43　曲水流觞亭

图3-44　“南苑”洞门

图3-42　观鱼桥

图3-45　内饰花窗

图3-46　瑜园迂回曲折的层迭

庭中用条石铺地，水庭仅 5m 见方，却取名为“船厅”。因“船”比水池大，因此上层伸挑出水面，俗称“船头探水”。船厅对面有一小拱桥平卧清波，倒影增辉，使“船”的意境更加凸显，是“意到笔不到”手法的妙用（图 3-47、图 3-48）。

图 3-47　船厅外观

瑜园内砖雕、木刻、灰塑、蚝壳窗、满洲窗等工艺更为丰富，既沉积了许多岭南的乡土文明，又具有浓厚的西洋风味，二者共存，各具特色（图 3-48）。

船厅窗外景观

瑜园蚝壳窗、门

瑜园内饰

图 3-48　瑜园内的装饰

## 四、造园与建筑装饰特色

### 1、造园手法小中见大灵巧有致

余荫山房布局紧凑灵活，以庭院为中心，建筑围绕园内东西两个几何形水庭压边而建，增强了庭园空间的视觉效果，整体格局遵循空间叙事原则安排景观，使得空间具有起承转合的节奏。浣红跨绿桥与玲珑水榭（图 3-49、图 3-50）两座构筑物均有至关重要的作用，“浣红跨绿桥”起着划分与组织空间的重要作用， 连接东南入口小院景区、以深柳堂为主的东侧景区、以玲珑水榭为主的西侧景区，组成视觉深远的东西两部分庭院，有曲径通幽之感，形成小中见大、丰富多变的园内景观。走进园内，进入眼帘的是深柳堂、荷池、临池别馆及浣红跨绿桥组景，透过游廊拱桥，隐约看到水榭、叠石与树木，欲露还藏，增添了迷离之感。同时为了避免玲珑水榭在视觉上的体量过大，造园者用环水的手法将人与建筑隔开，保持观赏距离，用观赏路线的曲折来实现对特定景观不同角度的观赏。

图 3-49　方池上的玲珑水榭

图 3-50　方池上的浣红跨绿桥

## 2、建筑布置相互因借彼此渗透

余荫山房内建筑以生活性为主，密度虽然很大，但采用了曲折幽深、高低错落等造园手法，借助游廊、拱桥、花径等将建筑与景观相互贯穿，间歇配以明水、虚竹与假山、回廊、花窗与影壁等，馆、楼、台、轩、榭、山、石等错落有序排列其中。建筑间彼此渗透、相互因借，形成高低错落、主次分明、私密性较强的各种空间（图 3-51）。

西面景区池南的临池别馆与池北的深柳堂隔池相望，互为对景。池南的临池别馆造型简洁，建筑细部装饰玲珑精致，环境清净素雅；池北主厅深柳堂，堂前檐廊宽敞，堂内装饰琳琅满目，有透雕门罩、隔断、玻璃窗花、扇面窗花等，与对岸临池别馆的收敛和清爽形成对比（图 3-52）。

图 3-51　深柳堂前回廊

图 3-52　深柳堂与临池别馆互为对景

余荫山房与瑜园以船厅作为两园之间的过渡。尽管瑜园内庭空间小，水石花木稀少，但船厅接壤余荫山房，登临远望，山房景色尽收眼底，因而从船厅来看，景物丰富而丰满（图 3-53）。

图 3-53　船厅观赏山房

玲珑水榭亭上设窗，人们可以观赏八面景。东南沿园墙布置了假山、水榭、东北点缀着挺秀的孔雀亭和来薰亭、西北筑有卧瓢庐、东南杨柳楼台沟通内外、正西浣红跨绿桥等，余荫山房处处表现出画境般的美感，山环水绕，融为一体，完美呈现因借处理效果（图 3-54）。

余荫山房还使用门洞、花窗等形成框景，形成最佳的观赏视野及观赏角度。同时，随着观赏距离的不同，景观产生相应的透视变化，达到大中见小的微观景观效果，由此拓展了游人的观赏方式（图 3-55）。

图 3-54　玲珑水榭上的借景

图 3-55　余荫山房入口门洞与框景、瑜园花瓶漏窗

## 3、建筑装饰形式多样特色突出

余荫山房既重视建筑使用功能，建筑装饰也各具特色。岭南建筑装饰的精华，如木雕、砖雕、石雕和灰塑，都被广泛用于装饰建筑的门头、窗棚、屋脊、墙壁、山墙等。这些装饰弥补了空间变化的不足，丰富了视觉感受，也凸显出余荫山房独特的风格。善言邬公祠的建筑装饰别具一格，山墙顶部设计较高，而且垂脊上有弯曲翘角，正脊上设有精彩灰塑，建筑的主要装饰都放在顶部，下部只露砖体本色。

### ● 隔断形式多样

室内区隔采用木质隔扇、隔断、屏风、花罩等形式，既分隔了空间，又丰富了室内装饰。园内的门窗样式多样，千姿百态，造园者特别注意室内外的交流，将自然意趣引向室内，达到人与自然相互交流的目的（图 3-56）。

瑜园隔断

善言邬公祠木门隔断

瑜园花窗

卧瓢庐花窗

玲珑水榭 细密花格长窗

冰花竹门分隔

图 3-56 余荫山房多种隔断

## “避火”装饰文化

余荫山房是木架构建筑，防火性能差是致命弱点，因此避火是余荫山房建筑装饰文化的一大重点。避火一方面表现在屋脊装饰上。善言邬公祠的屋脊中央，有一头张开大口含着垂脊的龙形兽鸱吻。鸱吻是能够兴云作雨的海中神兽，设计者将其饰于屋脊，期望借助其神力来避火（图 3-57）。

避火另一方面表现在建筑的取名，古建忌讳火，着火又名“走水”，因此重要建筑的名称都尽量带水，如深柳堂的“深”、临池别馆的“池”、玲珑水榭的“水”等。

## 精美的窗扇

满洲窗是清代开始在广府地区流行的一种窗扇形式。余荫山房中的满洲窗单个窗扇近似正方形，并以多个窗扇进行组合，窗扇由窗芯玻璃、四角玻璃、围边木框组成，彩色玻璃与室内外装饰形成强烈的对比，使得室内光线强度减弱，给人幽静安逸的感觉。设计者在深柳堂满洲窗细腻的六角形窗格中镶嵌欧洲进口的蓝白玻璃，中央装饰红底白花，巧妙绝伦，极富装饰性。瑜园的套色福寿窗以万寿菊为中心，四角伴有蝙蝠，寓意增福添寿（图 3-58）。

图 3-57　善言邬公祠屋脊上的鸱吻

瑜园套色福寿窗

图 3-58　深柳堂满洲窗

在玻璃传入以前，岭南窗扇和横披的透光材料多采用蚝壳。披蚝壳片透光而不透明，工匠将个头大、质量好的蚝壳打磨成均匀薄片，镶嵌在窗扇中，做成蚝壳窗，有一种别具风格的艺术效果。蚝壳透光、隔热、防水，又有一定的装饰性和私密性，是岭南园林建筑装饰的一大亮点，反映出岭南园林海洋文化特征。蚝壳窗在玲珑水榭、檐廊及游廊和瑜园的船厅多有应用，与建筑色彩相协调，产生整体搭配和谐之美（图 3-59）。

图 3–59　瑜园船厅的蚝壳门

## ● 色彩艳丽的灰塑

余荫山房灰塑中的人物、动物栩栩如生，形神兼备；山水色彩鲜艳，交相辉映。灰塑装饰在山墙、侧檐、正脊、漏窗、门窗、花台等位置，烘托出庭园生气勃勃、古色古香的气氛，将岭南园林的灵秀体现得淋漓尽致（图 3-60）。

图 3–60　瑜园内灰塑

深柳堂西侧狭窄的青云巷墙壁上，有一幅山水图案灰塑，立体感很强，使狭窄的通道有了生气，意韵丰富（图 3-61）。临池别馆门额的“吞虹”灰塑图与窗框的“印月”灰塑图，二者的表现形式和特点都不一样，艺术效果也各具特色（图 3-62）。余荫山房在门头、窗楣、屋脊、墙壁、花坛、山墙都采用了灰塑装饰，色彩搭配喜用红、黄、绿，在青砖墙的基调里特别明显。祠堂屋脊“红麟拱日”灰塑、“三仙献宝”“洞天福地”“山居响瀑图”“富贵如意”等门额灰塑都栩栩如生，光彩夺目（图 3-63 ～图 3-65）。

图 3-61　深柳堂侧内巷灰塑

图 3-62　临池别馆“吞虹”“印月”灰塑

图 3-63　祠堂屋脊“红麟拱日”灰塑装饰

“山居响瀑图”

“喜上眉梢”

“步陶”

图 3-64　门额灰塑

图 3-65　灰塑图案装饰的花池

## 精妙绝伦的木雕、砖雕及石雕

余荫山房拥有大量木雕艺术精品。深柳堂正中是一幅精美的“松鹤延年”大型木雕挂落，西侧为“松鼠菩提”木雕挂落，四幅檀香双面书法木雕都是珍品。玲珑水榭的“百鸟归巢”木雕挂落、南门门厅的回形木雕挂落，都是点缀得体的佳作。善言邬公祠梁柱上以封神榜和六国大封相人物故事为题材的木雕，寓意子孙生时要做官，死后要升天封神。邬公祠梁架上“狮子玩绣球”“喜报福禄”“三阳开泰”等精美木雕也寓意深长（图 3-66）。

松鹤延年

松鼠菩提

竹报平安

三阳开泰

狮子玩绣球

六国大封相

图 3-66　木雕

还有大量精致的砖雕与石雕也富有特色，如祠堂侧门上砖雕镶嵌的家训石匾“诵芬”“扬烈”（图 3-67）、祠堂正门樨头的斗拱砖雕、青云巷门额上的吉祥砖雕、善言邬公祠梁下石雕和石柱石雕等（图 3-68~ 图 3-72）。

图 3-67　砖雕镶嵌家训石匾“诵芬”“扬烈”

图 3-68　樨头砖雕

图 3-69　花鸟砖雕

图 3-70　吉祥砖雕

图 3-71　善言邬公祠石柱石雕

图 3-72　善言邬公祠梁下石雕

# 五、丰富的植物景观与建筑互为映衬

## 1、植物景观与建筑景观轴线互补

余荫山房的植物景观与建筑关系紧密，形成的植物景观轴线强化和补充了园中建筑轴线的景观效果。主要的一条植物景观轴线由深柳堂前的百年炮仗花与百年榆树的对植构成，两侧加盆栽以强化对称感，与园中自南向北的临池别馆、方形水池与深柳堂形成的建筑轴线相呼应（图 3-73）。另一条植物景观轴线由玲珑水榭左右两侧对植的桂花构成，与园中玲珑水榭、八角形水池及浣红跨绿桥构成的垂直方向建筑轴线相合（图 3-74）。

图 3–73　深柳堂前榆树与炮仗花

图 3–74　玲珑水榭前对植桂花

## 2、建筑与植物巧于因借成景

每年 6 月，凤凰木开花时，走近余荫山房，可见围墙外一片火树银花，掩映在围墙内的余荫山房与凤凰木融为一体，凤凰木好像是余荫山房景观的外延部分，两者互衬为景，余荫山房建筑被点缀得更加瑰丽和有韵味（图 3-75）。民间有“未有余荫山房，先有凤凰木”之说，相传附近曾有一片梧桐林，造就了“凤凰来仪”的自然景观，后来梧桐林被砍伐，凤凰也不再来，村民因为“望女成凤”的心态，在村边遍植凤凰木作为风水树，还将“凤起”作为祠堂的门匾，记录此地曾是“凤凰来仪”的宝地。

图 3–75　“凤凰来仪”景观

### 3、对联藏名点景

余荫山房的二门门联“余地三弓红雨足，荫天一角绿云深”由园主邬彬所撰，请名士陈允恭所书（图3-76）。“余荫”二字分别作为上下联的第一个字。上联的“弓”谦指这座园林的面积很小，只不过是三步距离而已。炮仗花盛开时呈现的“一片红雨”，“红雨”亦暗指整个余荫园四季花果不断，姹紫嫣红。园内各处绿树成荫，形成“一角绿云”，主宰全园景色。这副对联不仅点出纪念和永泽祖先福荫的造园宗旨，还用植物点题构成自然景观。东北面树龄过百的木菠萝和凤眼果，冠大浓荫，宛如绿云遮盖，幽静清凉，“余荫”之意，不言而喻。置身园中，会深刻领略到这副名联及植物造景的诗情画意。

图 3-76　二门门联“余地三弓红雨足，荫天一角绿云深”

### 4、植物寓意家族美好愿望

深柳堂前的炮仗花、古榆树，玲珑水榭旁的金桂与银桂，凤凰木、酸杨桃、龙眼等植物品种寓意红红火火、富贵发达、多子多福、金榜题名等美好愿望，寄予了家族厚望。

● **榆树与炮仗花**　余荫山房深柳堂有 2 株榆树，树干斜倚栏杆，俯瞰荷池。榆树既是对邬家女眷荣耀的隐晦展示，又是对后辈女眷的勉励。“榆”与“余”谐音，是余荫山房的标志性树木。堂前与余荫山房同龄的炮仗花古藤，为园主人邬彬手植，春节前后红花怒放，与园门上联“余地三弓红雨足”中的“红雨”相呼应，反映园主人重风韵意境的思想境界，是余荫山房植物造景的最佳范例。炮仗花盛开时花团锦簇，累累成串，状如鞭炮，喜庆吉祥。民俗认为炮仗花能驱除邪恶，带来美好祝福（图3-77）。

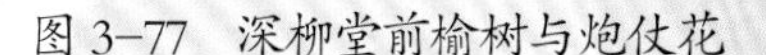

图 3-77　深柳堂前榆树与炮仗花

● **桂花**　古时科举榜上有名为“折桂”，余荫山房的园主在玲珑水榭的东面以“两桂当庭”的方式对植金桂、银桂，寓意金银满堂，子孙仕途昌达，及“月中折桂”。西窗上高悬“闻木樨香否”匾额，亭外柱联“樨香闻到未，忘机人对有情花”，可见园主人酷爱桂花（图 3-78）。

● **酸杨桃、洋紫荆与南洋杉**　余荫山房内不仅有木雕“三阳开泰”，在植物配置上种植了酸杨桃、洋紫荆、南洋杉，取其谐音字，着意营造“三阳开泰”的吉祥气氛（图 3-79）。酸杨桃，果实累累，粤语“酸”与“孙”同音，寄托了园主祈求宗枝繁衍、子孙满堂的愿望。洋紫荆，民间流传是一种有灵性的树木；南洋杉（山竹台风时被毁），原产于大洋洲，有 140 多年树龄，已成为广州地区同类树种中最古老的植株，是余荫山房吸收西方造园经验的一个例证。

● **龙眼**　旧时龙是皇帝的化身，园主在园中遍植龙眼，一方面是为了感谢皇帝的慧眼识人，另一方面也是表达出望子成龙的期盼（图 3-80）。园主一门三举人，父子同登科，因此善言邬公祠青云巷门匾上书“蛟腾”，以兹注记。

图 3-78　玲珑榭前的金银桂

图 3-79　酸杨桃

### 5、传统植物接福镇宅

千百年来，岭南民间常用棕榈科的葵树叶制作葵扇消暑解凉，另外一种习俗是清明时节家家皆备葵扇，用以镇宅驱邪。传说瑜园建成后，周边田野涌沟，虫鸣蛙叫，树摇窗影，被当做妖魔鬼怪作弄。后种一株蒲葵（图 3-81），蝙蝠成群结队而来，万福（蝠）临门，主人欣喜不已。按照现代科普理解，应是喜欢吃鱼、青蛙、昆虫的蝙蝠夜间出行捕捉食物，消除了所谓的妖魔鬼怪，为宅人带来清静和心安。

图 3-80　龙眼

图 3-81　庭院中的蒲葵

## 6、“夹墙翠竹”植物边界及特色景观

栽植于两墙之间的崖州竹形成了余荫山房“夹墙翠竹”的边界和特色景观（图 3-82）。“夹墙翠竹”形成的隔断在空间上隔而不断，体现了岭南造园务实求效、灵活利用空间的特点，它模糊了园内外的界线，将园外空间隔离于园内。竹叶从雕花窗棱之间及墙头伸出来，更添满园翠。种植手法也很有特色，因为余荫山房面积太小，只有“三弓”之地，将竹子植于两墙之间，这样不仅能够充分地利用有限的土地，呈现出疏落竹影的意境，又不会让竹子蔓长滋生，侵占庭园。设计者还以竹子通直、虚心的风格告诫后人，要虚怀若竹，才能富足长久。

图 3-82　夹墙翠竹

## 7、神秘“佛果”菠萝蜜

来薰亭所在的内庭院，植有一棵 130 年树龄的菠萝蜜，叶色浓绿亮泽，大型聚花果长于树干或老枝上，极富热带风情。从玲珑水榭望去，不负“果坛兰幽径”的美称。菠萝蜜在佛经中被视为神秘的“佛果”，木材常被用来制作佛寺里的菩萨、神兽、神器而与佛教结下了不解之缘。庭院中栽植菠萝蜜，寓意着这里是一片净土，可营造佛教净地的气氛，能增福添寿。

## 8、玲珑水榭四周植物满目皆景

南面种植了一株百年的古腊梅，寒冬腊月，腊梅独开。腊梅并不是梅花，只是花形相似，香气相近，而花瓣为蜡质，故又称“蜡梅”。腊梅花开时，静坐玲珑水榭，室外北风呼啸，独开南窗，既可避免北风肆虐，又可在寒冬中尽情欣赏“腊梅花盛开”的美景，领略腊梅凌寒独自开的精神。

东面入口对植金桂、银桂，朝迎旭日，构成“丹桂迎旭日”一景，开花时节香气袭人；“杨柳楼台青”。东南方向有一座小楼台隐藏在垂柳绿丛中，即夜幕来时，登楼观柳赏月，惬意非常。

## 9、瑜园黄兰情境交融

瑜园的入口处植有一株黄兰，将整个庭园装点得非常雅致（图 3-83）。据说黄兰是邬家小姐亲手所植，由于一年开花两次，且香气浓于白兰，深受小姐们喜爱，将黄兰用作佩戴装饰，香气袭人；夜幕之时，花香四溢，透过窗户飘入闺房，令人如痴如醉。如今佳人已去，人们看见这株黄兰时，忍不住遐想当初邬家小姐的日常生活情境。

图 3-83“瑜园”前黄兰

## 六、余荫山房蕴藏的文化艺术内涵

余荫山房拥有丰富的人文景观，从园名到景点，从匾额楹联到诗词佳句，都包含了浓厚的诗情画意。从入门开始，余荫山房每处景物的设计都匠心独运，寓意深长。满园的诗联佳作文采缤纷、书香浓郁，使人在欣赏景色、品味题咏之余，进入诗情的世界。同时，余荫山房的人文景观也反映了园主人淡泊名利，寄情于园的清高情结。

正门石刻楣额“余荫山房”，门联“山云备卿霭，水木湛清华”，既意取庭园背山而建，也意取借祖上余荫，园居山房，以喻孝敬父母的一片赤子之心（图3-84）。

“临池别馆”，以方池为墨砚，醮砚挥毫为“临池”，取意效仿王羲之临池学书，刻苦学习。前廊柱联为“别馆恰临池洗砚有时鸥可狎，回廊宜步月寻诗不觉鹤相随”（图3-85）。

图 3-84　正门“余荫山房”

图 3-85　临池别馆前廊柱联

“深柳堂”，取名源自唐诗人刘昚虚的《阙题》诗“闭门向山路，深柳读书堂”，表示主人志趣在于读书，不好交往，深深绿荫中的堂屋里正好读书。入口木匾“大雅舍宏”，寓意诗书人家（图 3-86）。前廊柱联“鸿爪为谁忙忍抛故里园林春花几度秋花几度，蜗居容我寄愿集名流笠屐旧雨同来今雨同来”，寓意诗书人家。

深柳堂内 4 幅双面檀香木雕，刻着各家词句及书法手迹，充满人文气息（图 3-87）。

图 3-86　深柳堂“大雅舍宏”

图 3-87　深柳堂内双面檀香木雕

"浣红跨绿廊桥"亭南北楣额为跨绿、浣红；亭柱东联"花明柳暗蝶迷路，月白风清人倚栏"；亭柱西联"风送荷香归院北，月移花影过桥西"（图 3-88）。

图 3–88　浣红跨绿廊桥亭柱东联、西联

玲珑水榭东悬木匾“远树含春晖”，亭外东柱联“暖日漾春光人影衣香芳径满，凉风逗秋思萧声月色画桥多”，南柱联“暗雨敲花柔风过柳，晴光转树晓气分林”，描绘出园中的景观。西柱联“菊屑釀初成不速客催无量酒，樨香闻到未忘机人对有情花”表达了园主旷达豪放的情怀。北柱联“步履寻云呼灯听雨，行歌趁月唤酒延秋”，描述了人在园中的各种活动，栩栩如生，同时再现水榭八面玲珑的优美景色，顾盼生情，意境悠远（图 3-89）。

东柱联

南柱联

北柱联

图 3–89　玲珑水榭柱联

## 2、装饰题材的深远含义

余荫山房在装饰上含蓄地用灰塑、砖雕、木雕、石雕等传统手法，筑造一定的意象题材来表现增福添寿、五福临门、财源滚滚等传统的文化思想，以此表达美好祝愿，如“寿”字灰塑照壁、祠堂屋脊“红麟拱日”灰塑装饰、“三仙献宝”“洞天福地”等门额灰塑（图 3-90）、祠堂侧门上砖雕镶嵌家训石匾“诵芬”“扬烈”“三阳开泰”“狮子玩绣球”木雕、瑜园的十字银锭古钱窗以及套色福寿窗（万寿菊四角伴以蝙蝠）（图 3-91）。

“寿”字灰塑照壁

“三仙献宝”门额灰塑

“洞天福地”门额灰塑

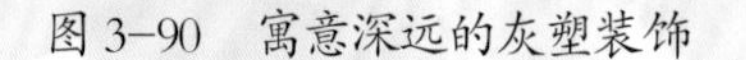

图 3–90　寓意深远的灰塑装饰

瑜园 十字银锭古钱窗

瑜园套色福寿窗

图 3–91　瑜园窗扇图案

# 第四章 佛山梁园

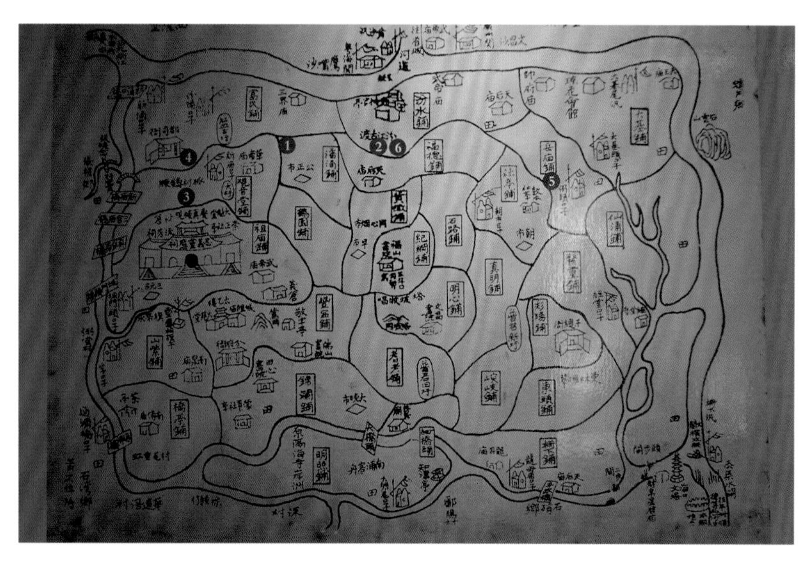

图 4-1　鼎盛时期梁氏家族部分产业分布
（来源于梁园历史文化展资料）

梁园始建于清代嘉庆年间（1796—1820 年），是由佛山梁氏家族当时官任内阁中书的梁蔼如和其侄梁九章、梁九华、梁九图侄四人用了四十多年的时间精心营建而成的私家庭园，所以梁园是梁氏园林的总称。梁园范围包括今升平路松桂里十二石山斋、松风路西贤里寒香馆以及松风路先锋古道群星草堂和汾江草庐等四组毗连的建筑群。鼎盛时的梁园有两百多亩，是粤中四大名园中占地最广的，有着“岭南第一园”的称号。梁园是研究岭南古代文人园林地方特色、构思布局、造园组景、文化内涵等方面的典型范例。梁园最初的主人和建造者是当地诗书画名家，追求远离凡嚣、林泉之乐，向往花园式宅第和自然空间环境，将岭南园林的多种文化意境及文化生活追求表现得淋漓尽致，令人回味无穷。

明清时期的佛山凭借着便捷的水陆交通和雄厚工商的基础，吸引着南来北往的富商巨贾、文人墨客。乾隆中后期，顺德麦村的梁国雄走出家乡，来到佛山经商，开启了梁氏家族兴家立业之路。嘉庆三年（1798 年），已具资财的梁国雄与儿子梁玉成、梁蔼如、梁可成定居松桂里。经过两代人数十年的努力，梁氏家族家业渐兴，为日后培养人才和园林宅院的兴建奠定了坚实的物质基础(图 4-1)。

梁氏文人在佛山造园的大氛围之中开始在房屋四周叠山理水，兴建展示文人园林特质的景观。梁氏园林的最早兴建者是梁蔼如，他辞官归家后将位于松桂里的宅第进行改造，筑“无怠懈斋”。

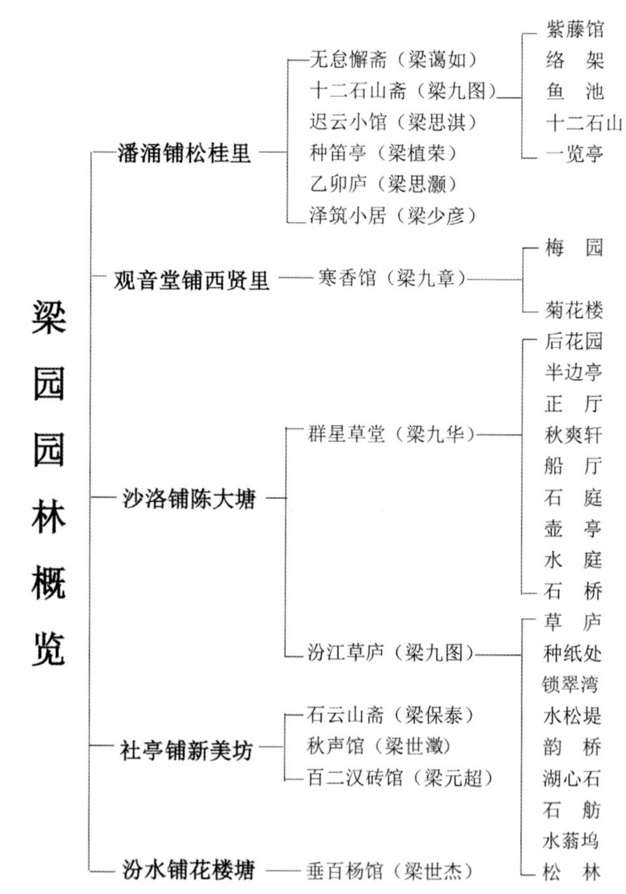


图 4-2　清代梁氏家族营建私家庭园概览
（根据梁园历史文化展资料整理自绘图）

在此之后，其侄梁九章、梁九华、梁九图相继筑寒香馆、群星草堂、十二石山斋、汾江草庐等。到后期，梁氏族人又相继建造西山堂、迟云小馆、种笛亭、泽筑小居。50余年时间里，梁氏家族先后在佛山建有园林10多个，总面积200多亩（图4-2、图4-3）。清代佛山石湾陶器以独特的面貌出现，并被制成各种实用美观的器物如花盆。梁氏族人配合造园需要，也使用和收藏石湾陶器（图4-4）。

图4-3　梁园全景图（拍摄于梁园历史文化展资料）

图4-4　清代梁园标志的花盆（来源于佛山市禅城区博物馆官网 https://www.fsccmuseum.com/）

世事沧桑，时至清末民初，随着梁氏家族的逐渐衰落，梁氏园林也日渐衰败，部分园产或遭损毁，或被变卖，园址范围日见缩小。园内湖池淤浅，异石流散，以松桂里梁蔼如的无怠懈斋湮没最早。民初时十二石山斋遭拆毁，随后寒香馆及汾江草庐也受严重摧残。到了建国初期，梁园大部分的主体建筑及园林设置仅余颓垣败瓦，十二石山斋和寒香馆今已为民居。1982年，佛山市政府对残存的群星草堂进行了抢救性保护，修复以群星草堂和汾江草庐为核心，面积约2300m²。1989年梁园成为省级重点文物保护单位，有关部门划定了绝对保护范围，总面积约21260m²。1994年政府及有关部门继续开展全面修复工程，重建了刺史家庙、部曹第、荷香水榭、半边亭、个轩、韵桥、石舫等建筑以及湖池等部分园林景观，面积达13300m²（图4-5）。但是寒香馆、十二石山斋、无怠懈斋和汾江草庐等主要园林建筑群尚未恢复。2012年，佛山市政府再次将梁园修复工程提到议事日程，努力重现一代名园风貌和昔日繁荣景象，并尽量最大限度地保留原始风貌，即“修旧不改变原貌”。

图4-5　1996年梁园修复后鸟瞰图

## 一、整体布局

梁园总体布局构思匠心独运，与珠江三角洲腹地的自然环境、审美情趣和民俗风情密切相关，沿袭当地聚族而居的习俗。梁园坐南向北，西江水南边弯抱，汾江水北边弯绕。梁园的修复尽可能按原布局复原精华部分，平面布局保存了住宅、祠堂、园林自成体系的岭南名园特有格局。三者浑然一体，极具当地大型庄宅园林特色。沿湖布置汾江草庐、无怠懈斋、汾江吟馆、水榭，湖池中设置韵桥、石舫、湖中石等建筑景点，总体呈现以湖池为中心的主体景观。建筑轻盈通透，与湖池、树木花果巧于因借，建筑装饰雕刻精巧别致。

2002 年梁园启动了二期全面修复工程，落成后占地总面积扩大至 $35000m^2$，大型园林景区八个，大小园林建筑 35 组，包括馆阁楼台、厅堂庐室、桥亭廊榭等。昔日梁园的门口位于先锋古道，也就是现今修复后的东门。入口广场还设有一块刻着“梁园”的景石（图 4-6）。从东门进入，园中亭台楼阁、石山小径、小桥流水、奇花异草布局巧妙，尽显岭南建筑特色。

图 4-6　修复后的梁园东门

## 二、规划布局特点

### 1、融入聚族而居习俗手法

佛山地处珠三角腹地，是一座历史悠久、人杰地灵的历史文化名城。佛山在明清时期与河南朱仙、湖北汉口、江西景德镇并称为天下四大名镇，人文荟萃、市井繁华，更有绿水幽庭，名园竞翠。梁园是最典型的岭南住宅园林，其整体规划、建筑坐向、山水布局等都受古代堪舆学的影响，综合应用哲学、天文、地理、水文、生态等方面的现实知识，追求人与自然及周围环境的和谐结合。从总体上看，梁园的平面布局南北窄、东西长。

大门朝东，园内景观自东向西逐步展开，宅第、祠堂建筑则是坐北朝南并排而建（图 4-7）。梁园鼎盛时期，建筑规模宏大，造园者在规划布局上融入了当地聚族而居的习俗，宅第区布局整齐划一。宅第全部采用佛山民居中通用的三间两廊建筑格局。

图 4–7　梁园平面布局示意图（拍摄于梁园导游图）

## 2、庭院布局个性特色突出

### ● 巧于因借，造就岭南水乡韵味

梁园的旧址是原来的陈家大塘，地势低洼、河涌蜿蜒，水通外江。梁园外借连片基塘农耕区之开阔空间，以大面积湖池及国内少见的水网池沼造园组景。建筑以竹、木为基调，显示出缚紫为扉，列柳成行，一水画堤的意境，体现造园者追求远离烦嚣、贴近自然的独特构思（图 4-8~ 图 4-10）。园内树木成荫、繁花似锦，加上曲水回环、松堤柳岸，造就独具珠江三角洲水乡景观特色的私家园林。

图 4–8　桑基鱼塘

图 4–9　湖边简约的竹木结构建筑

图 4–10　树木成荫的水乡韵味

## ● 文人园林，营造诗画意境

图 4–11　韵桥诗意令人暇思

梁园的造园组景别具一格，立意清新脱俗。园主人以书画家的素养和独到眼光，刻意营造一种超脱尘世、如诗如画的意境，以作为“与词人雅集为觞咏地”，如对韵桥及其四周意境的营造，以“风篁成韵”“小栏花韵”“窗前书韵”“堂中琴韵”（陈勤胜《韵桥记》）等的诗情画意，引发人们对“韵”的暇思（图 4-11）；又如石舫与湖中石、水蓊坞、石岩及笠亭组景，通过提炼和层次组织，形成“浪接花津”“层轩面水，小窗峙山”（梁世杰《汾江草庐记》）的意境，犹如一幅天然图画（图 4-12）。园主人追求雅淡自然，庭园布置格调高雅，与各建筑物和景区主题紧密结合的诗书画文化内涵丰富多彩。园内精心构思的“草庐春意”“枕湖消夏”“群星秋色”“寒香傲雪”等春夏秋冬四景俱全，诗情画意，各异其趣；“石斋寄情”“砚磨言志”“幽居香兰”“庄宅遗风”四景展示了文人园林特质，将雅集酬唱、读书著述、家塾掌教、幽居赋闲等多种文人文化生活形式表现得淋漓尽致，令人回味无穷。梁园建造者多为喜石之人，尤爱以奇峰异石营造庭院之景。造景手法不拘一格，通过水石的不同组合，形成“山庭”“水庭”“石庭”“水石庭”的景观，千姿百态，展现出以水石为特征的独特个性（图 4-13）。园林空间变化迭出，又具步移景异的写意景观（图 4-14）。

图 4–12　紫洞艇浪接花津的意境

图 4–13　水石庭的诗情画意

图 4-14　步移景异的写意景观

## ● 融人于景，凸显个人品性

梁园的庭院布局将造园者的性格特点展现得淋漓尽致。群星草堂的主人梁九华，通晓堪舆术数，加上治家严肃，玩好之物必禁，养成处事严苛谨慎的品性，所以造园时喜欢紧凑的园景。群星草堂的每个部分，都以小巧玲珑、精致紧密出名。梁九华的弟弟梁九图，早年曾热衷科举，然而屡战棘闱而不售，后来厌弃科名，尤好游历，钟情各处名胜古迹。因此，他心胸荡然，性格豪爽，所建造的汾江草芦地域广阔，一片碧波荡漾，让人心旷神怡（图 4-15）。

图 4-15　碧波荡漾的“汾江草芦”

# 三、梁园已修复区域特色荟萃

## 1、清代民居特色建筑群——梁园宅第区

佛山位于广府文化区的核心位置，在文化与建筑营造上很大程度体现了广府地区传统建筑的特征，而同时又具有自己独特的区域特征。梁园宅第邻近松风路先锋古道，占地总面积为 1500m$^2$，为三路四进式布局，由佛堂、客堂、部曹第、刺史家庙和住宅建筑组成，统称为宅第区，是目前佛山市保存最为完整的清代民居建筑群之一，清代建筑特点明显（图 4-16、图 4-17）。首先建筑平面灵活自由、形式多样、讲求实效、顺应自然，与园林绿化有机结合；其次突出梁、柱、檩的直接结合，减少了斗拱的作用，大量使用砖石结构、装饰艺术、趟栊门等；另外建筑风格结合气候特点，布置园林花木，赋予环境以大自然的情趣。

图 4-16　梁园宅第区鸟瞰（图片源于：https://image.baidu.com/）

图 4-17　宅第区入口

## 岭南民居传统的梳式布局

宅第区采用了岭南民居传统的梳式布局形式。从佛堂出来的左边有两条小巷，沿巷有三排三进大屋，巷道呈纵横排列，整个道路系统成梳篦状。民居位于网格体系之中，平面形式以及形态结构都是统一模式。这种坐北朝南、规整排布的布局方式能较好地解决日照、通风和交通等问题，非常适应岭南地区的湿热气候。

三排青砖瓦面楼房，人字脊整齐。窄窄长长的小巷，也是岭南庭园独有的部分。由于气候炎热，因此把建筑的间距缩小形成这样细长的小巷，从而营造了一种幽凉且能得到充分光照的空间（图 4-18）。

图 4-18　宅第区的小巷

## “三间两廊”民居形式

宅第区共有三排三进大屋，坐北朝南，各单进建筑室内布局基本一致，均为三间两廊带朝厅布局，设有正厅和朝厅各三间，以天井相隔，左右两廊，形成“回”字形小院落（图 4-19）。招待客人的厅堂为正中方，厢房分别在两侧，厅堂前一般是天井，中间设有一口水井，供日常饮用，也常种植盆栽，而天井两侧又有厨房、柴房等（图 4-20~ 图 4-26）。厅与天井之间的连接一般有两种形式，一种是由一堵墙做隔断，正中开门，相对地增加一些私密性。另也有全开敞的方式，这种方式的通风采光性更好（图 4-27）。

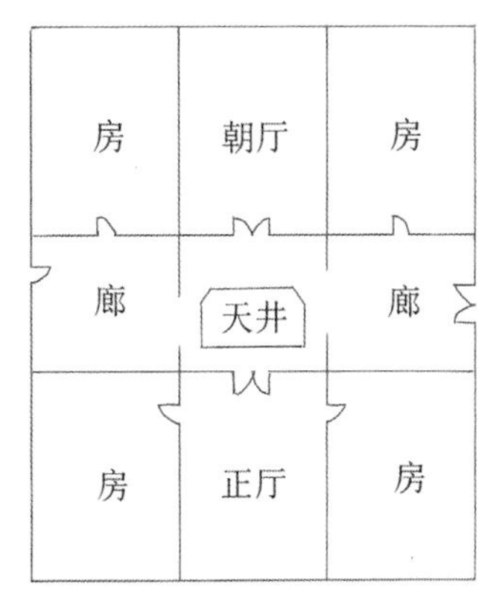


图 4-19　民居布局平面示意图

图 4-20　住宅门口看小院落

图 4-21　朝厅

图 4-22　正厅

图 4-23　廊

图 4-24　天井小空间

图 4-25　天井盆栽种植

图 4-26　水井

图 4-27　屏风门通风采光

## ● 宅第区建筑细节处理特点

岭南地区宅第区建筑尤为重视细节处理。厅后墙无窗，怕“漏财”。堪舆学认为水能生财，而这种“财”要通过斜的方式流入屋内，所以住宅两廊的屋顶坡面斜向天井。通常在两个坡屋顶交界的地方设有落水管，从屋面收集到的雨水通过屋顶的檐沟流入到落水管再汇集到天井地面，再由地面的排水孔排到下水管道（图 4-28~ 图 4-29）。令人惊讶的是屋面的落水管隐设在青砖墙体内，若无人提前告知，难以注意到这一细节（图 4-30）。外墙落水管的处理也十分精致，让人觉得它是建筑原本应该有的一部分，颜色和表面的雕花都极大地降低了对建筑美观的影响（图 4-31）。去水孔雕成金钱形状，同时兼有隔栅的功能（图 4-32）。

图 4–28　廊屋顶坡面斜向天井

图 4–29　室内雨水收集方式

图 4–30　隐藏的落水管

图 4–31　外墙精美的排水管

图 4–32　金钱图案去水孔

## ● 古朴的趟栊门防盗且采光透气

据说，梁园鼎盛时期整个家族有200多人在院内起居生活。由于气候闷热，建筑密集，因此房屋修建得高大宽敞，通风除湿效果好。梁园住宅大门没有完全按照岭南传统民居采用的“三件头”即三道大门形式，没有设最外一层的大门——屏风门，只设置了趟栊门和里层的大门。趟栊门，是一扇有一条轨道滑行开合的木门，它的原理和功能与现在常见的横向拉合的弹弓式防盗门类似。安装趟栊门，既能起到防盗作用，又便于通风采光且透气（图4-33）。一道道传统的趟栊门像是在诉说着历史往事，呈现出古韵浓厚的广府文化。透过趟栊门投射到房间内的光线稍有些暗淡，但是可以改善室内亮度。空气中充盈着古木的幽香，让置身其中的人仿佛回到那个曾经风光无限的年代（图4-34）。

图4-33 趟栊门

图4-34 充满古韵的岭南民居庭院

## ● 集岭南传统工艺于一体的刺史家庙

走出客堂，穿过二道门往前走，就来到了梁家祠堂。二道门的设计恰到好处（图4-35），起到从居住使用功能过渡到后面花园的作用，既不显得累赘又能给人一个缓冲的时间，让人从灰暗的室内突然到达豁然开朗的室外，心情瞬间愉悦起来。

图4-35 二道门

图 4–36　刺史家庙

刺史家庙建于咸丰二年，是梁氏家族用来祭祖和聚集活动的主要场所，是一座典型的道光年间的祠堂。梁园兴建主人之一梁九华，他的父亲谥称刺史，所以梁家祠堂为刺史家庙（图 4-36）。原庙不幸被毁，现在的建筑按原样恢复修建，为典型的传统岭南式祠堂建筑，集木雕、石雕、砖雕、灰塑等岭南传统工艺于一体（图 4-37）。

图 4–37　刺史家庙精美的装饰

图 4–38　刺史家庙内玻璃屋

刺史家庙不仅是梁氏家族的庙，也是展示中华民族优秀传统、展示人类文明进步和发展的重要场所。为了赋予这座建筑新的元素和内涵，造园者在矩形的家庙空间中镶嵌了一个不规则平面的玻璃盒子，自成一体地“浮”在家庙空间中。这种方式有效地保证了文物的完整性，保护了古建砖雕、地面等文物史迹（图 4-38、图 4-39）。

图 4–39　玻璃屋的内外空间

## 2、岭南园林风格的庭院——群星草堂

群星草堂位于刺史家庙的左侧，由梁九华所建，占地数千平方米，为半敞开型的厅堂建筑，是由秋爽轩、小榭楼、日盛书屋、船厅等主要建筑和石庭、山庭、水庭组成的园林庭园（图 4-40）。群星草堂的建筑精巧别致，虽体量不大，但却小巧精致。建筑以石庭、山庭、水庭为基调，宽敞通透，四周回廊穿引（图 4-41）。造园者采用移步换景的手法，通过里外交汇，把天、地、人完全融为一体，引人入胜。

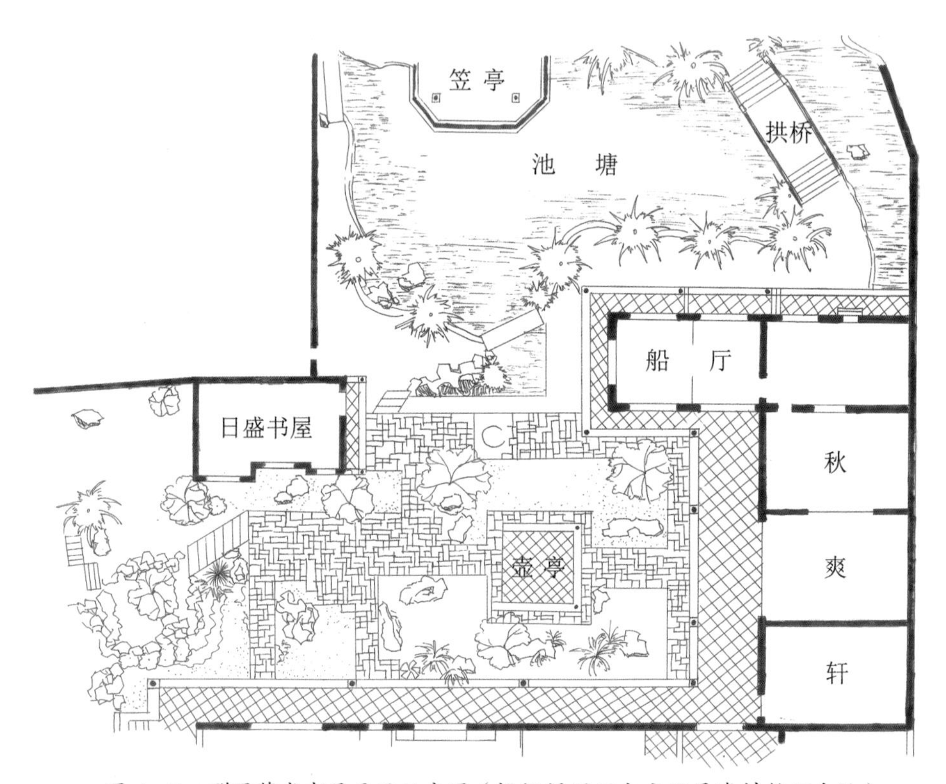


图 4-40 群星草堂布局平面示意图（根据梁园历史文化展资料整理自绘）

图 4-41 建筑与庭院

## ● 典雅特别的月亮门

群星草堂入口有三个朝东的圆如满月的月亮门，三门成一线，设计十分特别。据说，园主梁九华通晓堪舆术数，这是按堪舆学的规则设计的。大门朝东开，古人称之为“紫气东来”（图 4-42）。用堪舆学的说法“南离九紫之气”，太阳代表着“九紫之气”，早上“紫气”进门是吉祥的迹象，象征着家景蒸蒸日上、充满生气。又因三门成一线会形成“冲煞”，破坏藏风聚气的格局，所以造园者把门设计成圆形，既可以减缓空气流动的速度，又不会破坏园内幽静的气氛。三个圆门贯列，也明显增加了景深，让人隐约感到“庭园深深深几许”，激发了人们想要探秘的兴趣（图 4-43）。

图 4-42　群星草堂入口

图 4-43　三门成一线的月亮门

● 精巧别致的建筑群体

群星草堂由草堂、船厅、半边亭、荷香小榭等建筑组成，建筑物之间配置山石、树丛、斜桥等组景。

**草堂** 是群星草堂建筑群的主体建筑，结构为三进三开间布局，九脊屋盖，砖、木、石结构，外观古朴清雅。草堂设有前厅、后厅、回廊天井。前厅、后厅均为屏风门，开敞通透，以彩色玻璃和木雕装饰，富有岭南特色（图 4-44、图 4-45）。前后厅采用棚亭连接，两侧天井采用饰墙与外花园相隔，花园的景色若隐若现，渗透到内庭，成为梁园的一大特色（图 4-46、图 4-47）。两侧天井宛如雅致的天窗，既采光通气，又造景生意。厅内可观天象、听雨声淅沥，把主人心中的山水延伸至方寸之间（图 4-48）。

室内装修素雅大方，采用彩色玻璃相隔，注重采光和间隔变化。家具陈设讲求雅致精巧，体现了主人的追求和品味（图 4-49~图 4-52）。装饰艺术构件十分精美，采用美轮美奂的“满洲窗”，整个厅堂看起来轻盈通透、华丽雅致（图 4-53~ 图 4-55）。

图 4-44　三进三开间布局的草堂

图 4-45　前厅

图 4-46　前后厅以棚亭连接

图 4-47　花园的景色渗透到内庭

左图 4-48　天窗的景意

上图 4-49　室内以彩色玻璃相隔

图 4-50　室内家具陈设雅致

图 4-51　屏风门

图 4-52　隔断

图 4-53　木门窗

图 4-54　檐板装饰

图 4-55　满洲窗

**船厅**　主要用来招呼朋友休息和品茗，建筑面积不大。船厅三面设为大型满洲窗，把四周景物尽收眼底，纳春夏秋冬之景入厅，斗室容环宇，是休憩赏景的好地方（图 4-56~ 图 4-57）。

图 4–56　船厅

图 4–57　船厅三面满洲窗

**半边亭**　倚着庭院围墙而筑，结构独特，首层呈六角半边，二层却是完整的四方形，屋顶平缓，飞檐斗拱（图 4-58）。半边亭是园主人“求拙”之作，所谓“金无足赤，人无完人”，园主人以此告诫后世子孙，以防家败。它是群星草堂最高的建筑，与水石相融、植物相衬，构成了庭院的主景。登上亭的二层，视线开阔，景色撩人，又是观景的好地方（图 4-59）。

图 4-58　结构独特的半边亭

图 4-59　半边亭水中倒影如画

**荷香小榭**　是群星草堂最为突出的建筑。它位于湖岸边，精美纤巧、四周通透、里外交汇。站在小榭屋檐下，秀水美景映入眼帘，碧绿的荷叶，千姿百态的荷花，以及沁人心脾的幽香令人如痴如醉（图 4-60、图 4-61）。小榭高 4m，木结构，门窗镂空，门楣及窗以木雕为装饰（图 4-62）。木雕上的荷叶、荷花图案栩栩如生，精美优雅，与湖中的荷叶、荷香互相呼应（图 4-63）。

图 4-60　荷香小榭正面

图 4-61　依水而建的荷香小榭

图 4-62　四面镂空的景窗

图 4-63　荷花荷叶图案的木雕

### 3、湖水萦回——汾江草庐群体

穿过群星草堂的庭院，走过一座设计精巧的小石拱桥，就到达汾江草庐群体。这是梁园的另一精华部分所在。园主人梁九图诗书画艺俱佳，是道光、咸丰年间的社会名流，他一人独创了十二石山斋和汾江草庐两组名园。汾江草庐群主要有汾江草庐、个轩、石舫、韵桥等，占地万余平方。汾江草庐群构思布局与群星草堂迥然不同，空间疏朗。“半亩池塘几亩坡，一泓清澈即沧波。桥通曲径依林转，屋似渔舟得水多”是汾江草庐意境的写照。

**个轩**　是汾江草庐的入口。“个轩”源自清代诗人袁枚的诗“月映竹成千个字”，“个”字取“竹”之意，表现出主人追求清雅之意（图 4-64~ 图 4-66）。个轩月亮门的东侧刻有竹子样式的门匾，形象地表达了“个轩”的寓意（图 4-67）。

图 4-64　个轩

图 4-65　“个轩”牌匾

图 4-66　月亮门透景

图 4-67　竹子样式的门匾

**石舫**　穿过个轩月亮门，进入汾江草庐，迎面便是宽阔的畅意湖，视线豁然开朗，一片碧波，令人心旷神怡。沿着湖边绿荫小道漫步，可看到一座造型优美的石舫。其建于清道光二十九年（1849 年），原建筑已被毁，于 1996 年重建。石舫前置有龟蛇两石，合称为玄武，寓意长寿吉祥，石重 14 吨，高近 7m，极具山峰之势。石舫宛如紫洞艇，浪接花津，路逼蓊坞（图 4-68）。

图 4–68　畅意湖上的石舫

**韵桥**　站在石舫向远方眺望，精巧别致的韵桥若彩虹高悬在明镜之上，与湖心石相呼应，风景如画（图 4-69）。韵桥取意自“远处的书韵、堂中的琴韵、鼎中的茶韵、檐下的铎韵、流水的泉韵……”。相传，在韵桥附近曾经有一私塾，上课时孩子们琅琅的读书声远远传来；桥上琴音绕梁三日，琴旁煮茶的鼎正热气沸腾，茶韵四处飘香，雨打屋檐的点点雨声，桥下流水潺潺……种种声景韵味汇集于此桥，让人流连忘返。

图 4–69　韵桥与湖心石相对

## 四、梁园的水石神韵

梁园以湖水萦回、奇石巧布著称岭南。水石相融突显出了梁园独特的神韵。此外，梁园还珍藏着历代书法名家贴。秀水、奇石和名贴并称为梁园三宝。

### 1、秀水风采及水景韵味

古人对天地的认识是九州之外便是沧海，便是凡人无法渡越的仙境。天上银河有“鹊桥”载着亘古不变的情愫，地上有园林小桥流水品风光无限。梁园的水即梁氏家族富甲一方的环境基础，可以用来“载屋”“载舟”“载桥”，以到达理想的彼岸，是梁园的一大特色。

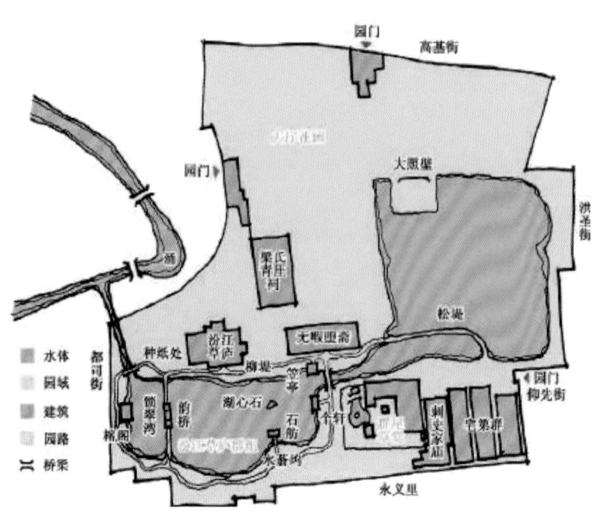

图 4-70　梁园水系布局示意图

#### ● 顺应地形和水势造园

陈从周先生在《说园》中说“水曲因岸，水隔因堤”，水是园林景观构成的重要因素。作为自然景观，水往往比山更能给人以亲切感。“大园宜依水，小园重贴水，而最关键者则在水位之高低”。梁园基址旧曰“陈家大塘”，风土清佳。界内，地势低洼，河涌蜿蜒，松竹夹岸，水通外江。造园者引水入园，因势利导，顺应地形水势，外借连片基塘农耕区之开阔空间，并利用大面积的水网池沼造园，建成岭南园林少见的大面积绿水荷池。梁园的理水按“北山南水、水聚堂前”的规划布置，布局精妙，既重韵味也重气势。几组水面将入口景区、汾江草庐景区、群星草堂景区、松竹寮景区等有机地分隔开，水系相对独立但又相连，水景变化丰富，空间疏密相间（图 4-70）。造园者利用湖池、溪涧，刻意营造出水木常青，涧流潺潺，回浦烟媚的各种变化（图 4-71、图 4-72）。

图 4-71　曲径幽深的水面

图 4-72　水趣盎然的景色

## ● 水石相融，聚散有致

岭南园林庭院的规模普遍不大，以聚水为主。水庭是岭南庭园的重要组成部分。因受外来文化影响，岭南庭园多采用规则式几何形水池，通常利用曲折分散的水体来营造丰富的空间层次。群星草堂将大湖的水引入庭院，水庭的面积不大，采用曲池的形式进行布局（图 4-73~ 图 4-75）。多组建筑依水而建，曲池北侧是船厅，西端笠亭相对，池中设有小洲作为视线隔断。池子北部较开阔，而南部较幽深，水面聚散有致，营造出丰富的空间层次。在北部水面收缩之处，一座小桥不但阻隔了游人的视线、令人联想翩翩，更增加了水面层次和景深，显得曲径深幽（图 4-76）。

水庭与石庭间以花台盆栽区隔，景色相互渗透，隔而不断。水池规则式驳岸局部嵌入天然形状的石头作修饰，与池中小洲的景石相对，水石相融，景色雅致。水庭同时与石庭中的奇峰异石相呼应，暗示山水脉络，独具匠心（图 4-77~ 图 4-79）。

图 4-73　水庭引水渠口

图 4-74　水源处的景观处理

图 4-75　曲池

图 4-76　小桥障景增加水池景意

图 4-77　池中小洲的景石

图 4-78　嵌石驳岸

图 4-79　水石庭相融合

## ● 诗画般的景韵

走过群星草堂水庭的小桥，穿越个轩洞门就进入汾江草庐。迎面而来的便是宽阔的水面，气势壮观，空间大小的瞬间切换给人带来强烈的视觉冲击，令人豁然开朗。汾江草庐水面宽阔，空间分割手法多样，既有用水松堤及韵桥堤进行分隔，又有垂直砌石驳岸、散置石、自然土岸等不同的形态。韵桥将一泓碧水分为一大一小两水面，成群的金鱼、锦鲤在湖中嬉戏，时浮时沉，湖面涟漪连绵。遥望湖面，只见白鹅、鸳鸯在湖心石的周围戏水，展现“白毛浮绿水，红掌拨清波”之意境。两岸绿树红花与水面波光麟麟相映成趣，园主足不出户就能欣赏到自然的山水风光，放飞思绪，丰富情感。布局充分表达了主人对自由的追求和向往。韵桥周围以风篁成韵、小栏花韵、窗前书韵、堂中琴韵，渲染竹翠、花香、书海、琴音的世界（图 4-80、图 4-81）。

图 4-80　韵桥景韵

图 4-81　写意山水石景

## 2、奇石神韵及叠山置石艺术

奇石是天人合一的产物，它千姿百态、栩栩如生，妙在自然天成，如同无言的诗词、无声的乐曲、立体的图画。梁园有“积石比书多”的美誉，相传曾有奇石 400 余块，十二石山斋也因藏有 12 块色泽纯黄的石头而得名。奇石是梁园的一大特征。

### ● 无园不石、积石比书多

梁园园主个个癖石，兄弟日相品题奇石、怪石，秋爽轩门前的对联“垂老弟兄同癖石，忘形叔侄互裁诗”，既表达了园主对奇石之癖爱，又是对那段风雅过往的深情记叙（图 4-82）。梁园宅园多达十余处，然庭院景观“无园不石”，四百多块太湖、英德、灵璧等嶙峋突兀的奇石，造型怪异奇特，不少石中孤品。据史料记载，黄蜡石原本出产真腊国（今柬埔寨），其石表滋润细腻，质地似玉，色泽光彩耀人，形状怪异叠出，有很高的欣赏价值，在清代极其罕有。梁九图在游览衡山湘水回来的途中，偶尔购得纹理嶙峋、晶莹剔透、光滑如脂的黄蜡石十二座，用船将石头运回佛山，并用七星岩的石盘贮水盛之。梁九图视石如宝，把它们摆在紫藤馆前陈列，将原馆改名为“十二石山斋”，自称“十二石山人”。后来，梁九图收藏的奇石越来越多，于是就专门建造了秋爽轩皱云斋，用来陈列从各地搜集而来的奇石，如黄蜡石、灵璧石、彩陶石、木化石和太湖石等。

群星草堂园主梁九华晚年好石，他在石庭内巧布太湖、灵璧、英德等地奇石，大者高逾丈，阔逾仞，小者不过百斤，在庭园之中或立或卧、或俯或仰，极具情趣。景石也用于修台饰栏，间以竹木、绕以池沼（图 4-83）。其兄梁九章将寒香馆建于汾水之曲，馆内“古梅奇石，环列左右”。梁氏兄弟终日延客赏花品石，当时士大夫都以一睹梁氏兄弟所藏奇石为一大幸事。

图 4–82　“垂老弟兄同癖石，忘形叔侄互裁诗”牌匾

## ● 独石成景，以景石代山

梁九图在诗中描述到，“衡岳归来意未阑，壶中蓄石当烟鬟。登高腰脚输人健，不看真山看假山。”一句“不看真山看假山”道出了岭南庭园叠石堆山造园的实质。梁园叠山，并非掇石堆砌，而以景石代山，蕴意深奥。梁园景石多为独石成景，孤石成峰，或两块巧置，或三石摆布，不求体量，但重神韵（图 4-84、图 4-85）。这种以石代山取代叠山的方法，摒弃了石块的积压堆砌，省却了石头纹理及形状的比照磨合，可以更灵活自由地表达不同思想情感。梁园的山与整个造园质朴风格相统一，不求恢宏的气势而求石的神态韵味，以小代大，表现山川之奇。

图 4–83　石庭

图 4–84　独石成景

图 4–85　孤石成峰

梁园在景石布置时根据鉴赏距离不同选取不同形态的石头，距离远的，就以体量大、整体形态取胜；距离近，则以色泽纹理细腻为佳选（图 4-86）。在汾江草庐的湖中心有一块巨石，莫可言状。据说，这是当年园主从江西九江扶庐峰搜揽到的一块巨石，形状如衡山九面，面面形态各异，是石中之孤品，运回园中置于湖心。可惜这块石头在民国初期被毁坏，如今展现的湖心巨石是广东英德产的英石，重达 14 吨，高出水面 6m（图 4-87）。

群星草堂庭院采用布点散石布局手法，循起伏的地势散理石组和灌丛，以较大型的石峰为主景，相顾盼的次峰作陪衬，有主次，有呼应，像在山野中露出的自然石一样，给人们一种逼真自然的感觉（图 4-88）。

图 4-87　散置在自然山野中的山石

图 4-86　入口广场景观石

图 4-88　湖心石

石庭院中奇石形态各异，既有山岳岩壑的缩影，展示了峰峦叠嶂、溪涧瀑布、岩壑磴道等山石奇观的写意（图 4-89），又有“苏武牧羊”“童子拜观音”“美人照镜”“宫舞”“追月”等象形石景（图 4-90、图 4-91），其中“苏武牧羊”石景是梁园奇石景观的经典之一。苏武是我国历史上一位伟大的爱国者，他以尽忠守节而闻名于世，苏武牧羊的故事千古流传至今。这组峰石其中高峰耸立的奇石寓为苏武，在它周边伴有 3 块体态具象，形态各异的绵羊石。石景组虽占地较小，但其峰石清秀挺拔、奇峭古怪之势，可给人摩天之感，形态生动，亦真亦幻。

图 4-89　山岳岩壑的缩影

图 4-90　“苏武牧羊”石景

图 4-91　“童子拜观音”石景

## ● 叠山置石艺术，表达名山大川的旅人意境

中国古典园林通过叠山置石营造出自然之趣，具有优美的意境美和空间美。梁园的主人采用传统且十分讲究的叠山置石艺术，通过对独石、孤石的整理，突显个体特性，在壶中天地中表达了对人的个性和自由人格的追求。梁九图自言“不看真山看假山”，并非不爱真山，而是看假山亦有看真山之感，通过想象力的发挥产生别样强烈的美的享受，可见这些奇石实为园主人游兴未阑之寄托。奇石形态各异，令人联想到山川之形态，满足了人们对山川向往之情，聊以为趣。梁九图自言：“余石十二，而峰峦、陂塘、溪涧、瀑布、峻坂、峭壁、岩壑、蹬道诸体悉备。览与庭则湖山胜概毕杂目前，省登蹑之劳，极游遨之趣。”

梁园也采用了岭南传统庭园叠山手法，宜作大山水的片断，或山石的一个角落处理，在规模较小的庭园空间表现出山林的气氛和自然的美。在群星草庭园南面堆土成台，类似平岗小坡，沿坡脚散布英石，具有“未山先麓”的意境（图 4-92）。

图 4–92　土坡上散布的英石

## ● 几架陈列之鉴赏形式，彰显奇石文化

奇石文化在中国可谓源远流长、博大精深。梁九图、梁九华以其对石的挚爱和知音，被誉为“岭南二梁奇石”，其独创奇石籍盆，几架陈列之鉴赏形式，开启岭南水旱盆景之先河。张维屏《十二石斋记》记载：“福草游衡湘，归舟过清远，得十二石，其色纯黄，巨者高三尺许，小者亦为径尺。其状有若峰峦者，有若陡塘者，有若溪涧瀑布者，有若峻坂峭壁者，有若岩壑蹬道者。”十二石中最大一座石取名为“千多窿”，高三尺，最窄也有两尺宽，尤为珍品。另一块编号为第八之石名为“仙桃峰”，整块石头像仙桃，质硬色美，黄如熟粟，遍体孔洞有两三百个，皱如虫蛀，既有悬崖峭壁，又有流水瀑布，硕大的山峰就在山前（图4-93）。十二块奇石以石盆载之，撑托以参差石几架，巧置于池畔、径旁、亭际、馆前，可谓“衡岳崎岖聚方寸，巫山云雨显馆前”。又谓：“瘦骨苍根各自奇，碧栏十二影参差，平章妙出诗人手，半傍书帷半墨池。”梁园的室内摆设、装饰上也处处可见奇石的应用。不管是室外的庭院，还是室内厅堂，都能满足园主的赏石爱好（图4-94）。

图4–93 十二石山斋所藏黄蜡石第八号“桃仙峰”

图4–94　几架陈列鉴赏奇石

## 五、名帖历史文化遗产

梁园不但体现了广府文化对花园式宅第和自然的空间环境的憧憬，其典型丰富的文化内涵，又是反映佛山名人荟萃、文风鼎盛的重要实物例证。文人雅士与梁氏叔侄四人相互唱和，留下了不少珍贵墨宝。这些珍贵墨宝成为梁氏先人们留下的不可多得的历史文化遗产。现馆藏有梁氏家族创作的书画及碑帖一批，寒香馆等书屋现仍存诗卷、历代名家法帖刻石珍品八十余件，至今饮誉世间。

### 1、文人墨客会聚

梁园当年闻名遐迩，成为当时岭南乃至全国各地文人墨客、社会名流、富商巨贾争相拜访参观之地。文人墨客有三朝帝师之称的祁寯藻、内阁学士李文田、工部侍郎罗文俊、湖南巡抚吴荣光、四川总督骆秉章、山东盐运史李可琼、粤东三子黄培芳、张维屏、谭敬昭等。岭南画巨匠苏仁山曾长居梁园，书写丹青 [13]。沧海桑田，世事多变，昔日建梁园的主人及一起谈诗论文的文人墨客早已作古，当年文人荟萃、赏景挥毫的场景唯有遐想。

### 2、园主楹联

梁氏家族经商致富、书香盈门、人才辈出。园内留下了多副由两代园主自撰自书的楹联，楹联所表达的内涵深远丰富。梁蔼如工诗文、善书画，他篆书联：琴书得趣斯千古，花鸟于人共一天（图 4-95）。该联抒

图 4–95　梁蔼如篆书联“琴书得趣斯千古，花鸟于人共一天”

发了园主归隐后以琴书得趣的高雅情怀，描绘了人与花鸟和谐共处，惬意的田园生活。又一副对联：情天澹荡春风入，心地光明秋月临（图 4-96）。该联表述了作者的心境与修养，上联写情感舒缓荡漾人，就像温暖柔和的春风常入怀；下联写心地光明磊落者，眼前一派美景秋月。梁九图诗书画艺俱佳，也喜爱四处游玩，钟情于各处名胜古迹。他行草联：剑胆琴心书气味；诗情画意酒因缘。该联包含了人生八雅中的琴、书、诗、画、酒五雅，并增添了不一样的“剑”，剑胆琴心，则是既有情致，又有胆识。在自己创建的如诗如画的名园内，与酒结缘，自得其乐，表达了园主所追求的一种刚柔相济的美好境界，也反映了其坦荡心胸与豪爽性格。

梁九章喜欢收藏，建有寒香馆。他在京城和四川做官时收集了大量的碑帖，用于鉴赏和临摹。晚年时候，他珍藏多年的碑帖受虫害，担心古人手迹会因此湮没，于是在清道光丙申年（1836 年），他选择珍藏的碑帖中尤为欣赏的自唐至清乾、嘉时 22 家摹刻在端州石砚上，方便族人子弟学习，并以馆号命名为《寒香馆法帖》。寒香馆今已不存，《寒香馆法帖》现藏于佛山市博物馆。《寒香馆藏真帖》现存刻石 89 块，呈正方形，端州石质，石质光滑细腻，呈黑色。刻石上各体书法兼备，按从右至左竖写、双面阴刻而成，雕刻工艺精湛、规整，全部刻石形态特征基本一致（图 4-97）。刻石包含怀素《千字文》、李邕《奂上人帖》、柳公权《兰亭诗帖》、米芾《春和景明帖》、赵孟《耕织图诗》等。《寒香馆法帖》还汇集了当时许多名士如王尔扬、翁又龙、程可则、刘墉、翁方纲、吴荣光、成亲王等人的题跋，这些题跋本身又是不可多得的书法作品（图 4-98）。正因此，《寒香馆法帖》与吴荣光的《筠清馆法帖》、叶梦龙的《风满楼法帖》并称清代岭南三大名帖（来源于佛山市禅城区博物馆资料介绍）。注：图 4-95~ 图 4-98 均拍摄于梁园历史文化展。

图 4-96 梁蔼如行书七言联
“情天澹荡春风入，心地光明秋月临”

图 4-97 寒香馆藏真帖

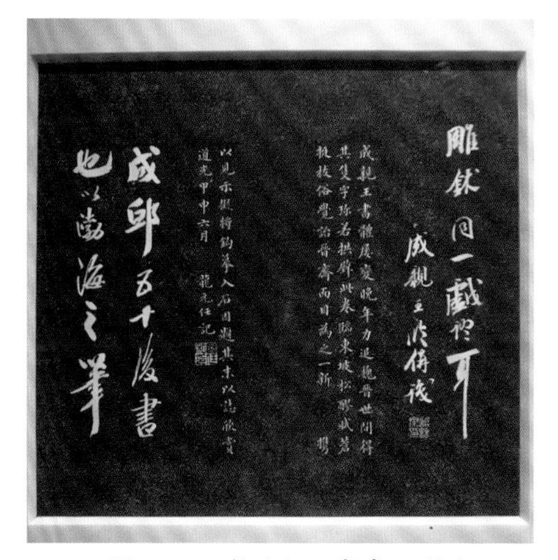

图 4-98 龙元任、成亲王题跋

## 六、植物的点缀烘托出别样的景观特色

### 1、果木成荫，繁花似锦

梁园的植物在选材上注重地方风格，品种丰富，但各个品种的数量不多，较为精简，具有浓厚的岭南特色。园中有荔枝、龙眼、菠萝蜜、萍蒌、芭蕉、人心果、番石榴、水蒲桃、杨桃等数十种岭南佳果（图 4-99）。其中，高近二十米的吕宋芒果，树龄已逾 170 年，依然葱郁，犹如一把巨大的绿伞，撑起一院绿荫（图 4-100）。园内大王椰子、蒲葵、散尾葵、棕竹、假槟榔等棕榈类植物的布置，桂花、兰花、九里香、含笑、美人蕉、三角梅等灌丛花卉，还有大量的盆景应用，营造出繁花似锦的亚热带植物风光（图 4-101）。

萍蒌　芭蕉　菠萝蜜

水蒲桃

龙眼

图 4–99　岭南佳果

图 4-100　170 多年的芒果树

图 4-101　亚热带植物风光

图 4-102 植物与建筑构成丰富景观

## 2、植物与建筑、山石的呼应与互衬

庭园中高大的乔木与精致的建筑相衬，形成了富于变化的天际线和多视角景观（图 4-102）。造园者在庭园角隅、廊转角、入口、天井等处多放置有观赏性较高的植物作为主体。植物以建筑或小环境作为背景，变得更加多姿生动，比如梁家宅第入口处的罗汉松，后院天井的百年鹰爪花等(图 4-103、图 4-104)。而在园中石舫、水榭、小桥、景石等旁边则选种外形姿态优美、自然飘逸的植物。在植物点缀或掩映下，作为主体景观的建筑物线条柔美，景观多样层次丰富。建筑、山石、溪瀑等处垂柳、棕竹、散尾葵等植物的衬托；竹及其他花灌木植物点缀的“草庐春意”等，都是通过园林植物组景烘托并活化建筑的佳例（图 4-105~ 图 4-107）。

图 4-103 宅第入口处的罗汉松

图 4-104 百年鹰爪花与花架

图 4-105 植物与建筑相互映衬

图 4-106　水庭的植物多样层次丰富

图 4-107　植物与水石相映

### 3、巧借植物，抒发意境

“两处园林都入画，满庭兰玉尽能诗”是园主梁九华的好友岑征赞美梁园的诗句。梁园植物的选择讲究能入诗入画，通过运用植物模仿自然景观来展现一种画境，并注重植物个体的象征性意义，以体现一种文人士大夫所追求的意境。植物景观正如诗中描写“春景桃花隔岸红，夏日荷叶满池中，秋风丹桂香千里，冬雪寒梅伴老松”。环绕着湖岸种植杨柳，沿着土堤栽植水松，这两处便是梁园成名的植物景观——“松堤柳岸”（图4-108）。造园者在书房窗边栽种腊梅等，从视觉、听觉、嗅觉感官方面来充分表达意境和画景。独置在十二石山斋庭院见证梁园历史的芒果树，树冠葱郁，盛开的山茶花或高或矮，与桂花、九里香、红背桂或疏或密、有聚有散地点缀在半山上，形成高低起伏的林冠线（图4-109）。水池边上种植的春羽、鸡蛋花、木芙蓉、美人蕉等与水、石相映成趣，表达了主人诗情画意、雅淡自然的精神追求（图4-110）。

图 4-108 “松堤柳岸”

图 4-109 郁郁葱葱的庭院

图 4-110 植物丰富的水庭

# 第五章 东莞可园

东莞可园始建于清朝道光三十年（公元 1850 年），咸丰八年（公元 1858 年）全部建成，是清代粤中四大名园之一，2001 年被国务院公布为全国重点文物保护单位。

东莞可园的园名由来有一番趣事。可园的创建者张敬修是东莞城区博厦人，官至江西按察使署理布政使，归乡后修建此园居住，初取名为“意园”，喻即“满意，合心意”。修筑竣工后，张敬修广邀文人逸士庆贺、品评、鉴赏，客人们都应答：“可以！可以！”“以”与“意”近音，“可”在“意”前，“可”比“意”优先。张敬修便改名为“可园”，有“可以”“可人”“无可无不可”三层意思，亲笔题写并镶嵌于入口门楼上方。可园的园林规模较小，但是空间布局灵活生动，以居住建筑为主体，搭配庭院园林，将生活起居与庭院休闲融合，充分展示主人注重实用、享受生活、追求品质的生活态度。

## 一、整体布局

可园总体面积仅为 $2200m^2$，占地面积不大，但是采用咫尺山林、小中见大的造园手法，以小巧玲珑、设计精巧著称，前人赞为“可羡人间福地，园夸天上仙宫”。在不规则形、狭窄的空间里，亭台楼阁、山水桥榭、厅堂轩院一并俱全。园内设计精巧，布局新奇，130 余道式样不同的门及游廊、走道将一楼、六阁、五亭、六台、五池、三桥、十九厅、十五房，联成一体，日常生活弥漫庭院园林氛围，生活尽显惬意（图 5-1）。

图 5-1　可园总体布局图（拍摄于可园宣传栏）

## 二、建筑分群

可园按功能和景观划分，主要分为三大部分建筑群（图 5-2）。

第一部分东南部门厅组群：庭院主入口区（现东莞可园路旁），主要功能是接待客人和人员分流。组群包括建筑门厅、擘红小榭、葡萄林室、草草草堂、听秋居及骑楼等建筑。其中，建筑门厅和擘红小榭与门廊形成东南区建筑的中心轴线。

第二部分西部楼阁组群：是主人设宴接待客人、远眺观景的场所。组群主要建筑包括双清室、可轩以及建筑后巷的厨房、备餐室等。

第三部分北部厅堂组群：沿可湖而筑的一组建筑，具有游览、居住、读书、吟诗、绘画等功能，主要包括可堂、问花小院、绿绮楼、雏月池馆、可亭、诗窝、息窠、钓鱼台等建筑。

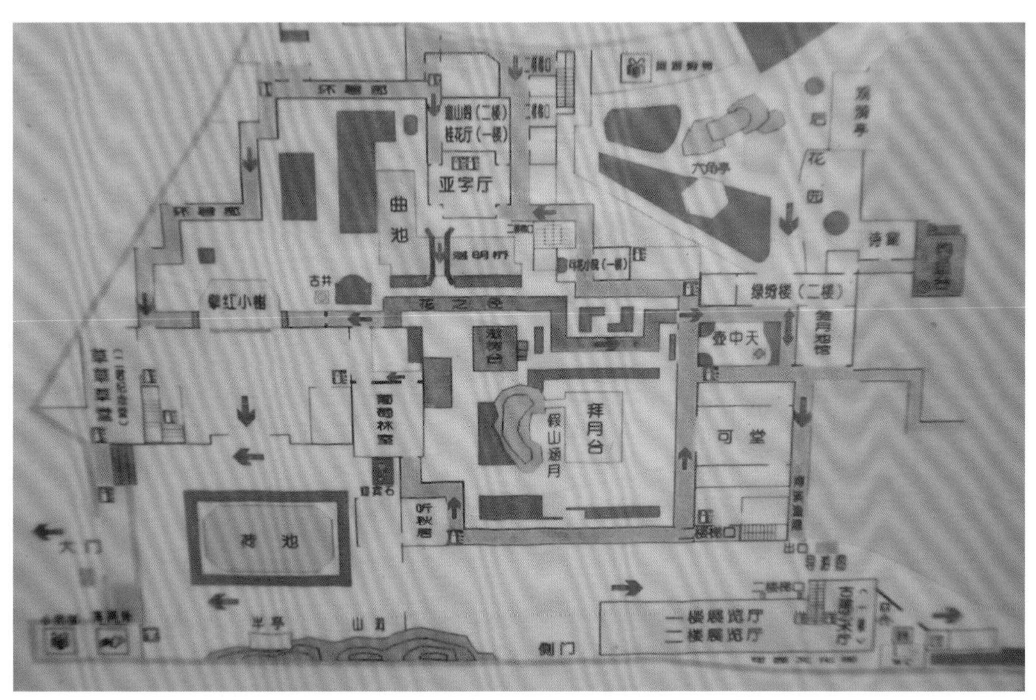


图 5–2 可园分区平面示意图（拍摄于可园园区导游图）

## 三、规划布局特点

### 1、咫尺山林的人间福地

可园面积 $2200m^2$，仅为标准足球场面积（$68m \times 105m$，$7140m^2$）的 1/3，可谓小巧玲珑，但是园中建筑、山池、花木等景物却十分丰富。总体布局高低错落，曲折回环，处处相通。小中见大，密而不逼；空处有景，疏处不虚；静中有趣，幽而有芳。北面建筑临湖而建，把湖景借为己用，“占水栽花”。特别突出的是“咫尺山林，壶纳天地”，在有限的土地范围将亭台、清泉、幽径、植物等融合，在较小的空间再现大自然景色，营造出融亭台楼阁、山水桥石、植物景观为一体的园林胜地，构成自在的小世界，让人既可“小园香径独徘徊”，也可远眺江湖山景（图 5-3~ 图 5-4）。进入可园，入门穿过客厅来到擘红小榭，雄奇、幽深的园景便逐渐展现在眼前，处处有景，景景不同，实乃咫尺山林的人间福地。

图 5-3　1964 年可园风光
（拍摄于可园介绍专栏）

图 5-4　总体布局航拍实景

## 2、因地制宜特色突出的庭院布局

### ● 小中见大的平面布局

可园的布局没有明显轴线，大致按南北走向布置。可园是典型的连房广厦式庭园，建筑压边而建，分列集成东南部门厅、西部楼阁和北部厅堂等 3 个组群（图 5-5），通过前轩、过厅及曲直长短随势的回廊等连接。组群之间形成了两个大小不一、较为开阔的内庭空间，空间感和距离感明显，产生了小中见大的空间效果。两个内庭透而不露、虚实相宜，景色相呼相应、层次丰富（图 5-6、图 5-7），平面布局巧妙地呈现出传统岭南民居特色与岭南园林特点，建筑实用舒服，景观多样美观。通过造景与实用功能的相互渗透，形成独特的内庭园林空间。

图 5-5　庭院布局俯视图

图 5-6　大庭院全景

图 5-7　小庭院内景

## ● 巧于因借的立面视野

可堂、雏月池馆、绿绮楼等主要建筑位于北部，双清室、可轩及全园最高的建筑邀山阁等位于西部，门厅、听秋居、擘红小榭、草草草堂等建筑位于东南部。园内建筑西北高东南低，造园者采用巧于因借的传统造园手法，园基布局不拘形式和方向，因景就筑，开阔疏朗（图 5-8~ 图 5-9）。从当时最高的建筑邀山阁，可远眺水流云飞的江河群山、百鸟归巢，近观村舍田园，身在园中，远近的外围美景尽收眼底（图 5-10）。

图 5-8　园内建筑规划布局

图 5-9 巧借可湖的湖光秀色

图 5-10 邀山阁倚窗远眺广阔视野

## 四、主要建筑及特色介绍

### 1、主要建筑

● **擘红小榭**　是介于亭、屋、台之间的奇特建筑，小榭像一座委婉的屏风，将园内的景色若隐若现地呈现出来。人于亭中，只见栏后绿树成荫，丛花烂漫，曲池清碧，虹桥卧波。这里是主人邀客人小憩的地方（图 5-11~ 图 5-12）。“擘红”是剥荔枝的意思。据记载，当年榭旁植有荔枝树，每当荔枝成熟季节，伸手便可摘下新鲜荔枝品尝。主人和朋友常在此观园景、吟诗作画，同时感受一年一度采摘果实的喜悦，以及品尝新鲜荔枝，其乐融融。小榭边还有一口古井，为当时饮水之用，也为荔枝成熟时冰镇所用，可见主人的智慧和用心（图 5-13）。

● **草草草堂**　是园主人张敬修作画和休息的地方。它并非一间草堂，亦非草草了事所建，而是体现主人情感、生活态度和处事方式的用心之作，故有联“草草原非草草，堂堂敢谓堂堂”。草草草堂是张敬修为纪念自己的戎马生涯而命名的建筑（图 5-14）。他回忆在广西等地打仗时曾说：“偶尔饥，草草具膳；偶尔倦，草草成寝；晨而起，草草盥洗，草草就道行之。”大概意思是，饿了随便吃点东西，困了就睡，早上起来简单梳洗便出发，战时的生活不得已只能草草了事。但他认为，平时的为人处世，“人之不可草草，草草者，苟且粗略之谓，人宜戒焉。”所以“余戒之而榜之以名堂。”园主人借草草草堂告诫自己和后代：一个人的品行和办事，不能草草轻率。

图 5-11　擘红小榭

图 5-12　擘红小榭庭院植景

图 5-13　冰镇荔枝的古井

图 5-14　园主人——张敬修像

● **双清室**　是主人用来吟风弄月的地方，根据堂前湛明桥翠、曲池映月之景，而命名“双清”，取“人境双清”之意（图 5-15）。双清室的结构奇巧，建筑中的地面、天花、窗扇、家具皆以“亚”字为图案，所以俗称“亚字厅”（图 5-16）。亚字的繁体“亞”像弓的形状，迎合园主人尚武之意。室内用红色套色玻璃蚀刻四字诗铭通窗。通窗两面皆可通读，刻的是客居可园的画家居巢先生的字，原有 35 个字，现存 19 个字（图 5-17）。

图 5-15　双清室外观

“亚”字图案地面铺砖

“亚”字图案家具

“亚”字图案窗扇

“亚”字图案天花

图 5-16　亚字厅

四字诗铭通窗（正面看）

图 5-17　四字诗铭通窗（反面看）

双清室前几何形的曲池源于唐卢照邻的诗《曲池荷》“浮香绕曲岸，圆影覆华池。常恐秋风早，飘零君不知。”

人们在这里可见池中卵石铺底，红鱼畅游，湖石亭亭玉立，拱桥横跨东西（图 5-18）。

图 5–18　曲池及拱桥

● **可楼**　高约 17.5m，共四层，是全庭的构图重心。底层大厅称可轩，是款待宾客的高级厅堂。可轩又名桂花厅，建筑装饰及室外庭园均以桂花为主题。地面砖铺呈桂花状，落地罩装饰也是桂花图案，厅外种植一株桂花，花开时节阵阵飘香（图 5-19~ 图 5-22）。主人日常款待宾客时，桂花厅弥漫着桂花的芬芳。这是由于桂花厅的地板中间有一个小孔，是主人为客人送风送香的管道口（图 5-23）。在隔壁小房里置放一个鼓风机（图 5-24），仆人用鼓风机往通道里送风，转动风机时加些桂花香料，风就由地下的铜管慢慢冒出，宾客在桂花厅享受阵阵凉风的同时，还有扑鼻而来的阵阵桂花香，真可谓秋风送爽、桂花飘香，凉风阵阵消暑气，香气四溢神气爽。

图 5-19　桂花厅

图 5-20　厅外桂花树全景

图 5-21　桂花状地面砖铺

图 5-22　桂花图案落地罩

图 5-23　送风送香的管道口

图 5-24　鼓风机

● **邀山阁** 位于可楼的第四层，是全园的最高点，取“邀山川入阁”之意。邀山阁的建筑主体是以客家碉楼式，并与古建筑歇山式屋顶相结合。邀山阁四面明窗，造型秀丽，外置登阁楼梯，构造特别，是可园最具特点的建筑（图 5-25、图 5-26）。夏天敞开全部明窗，四面来风，顿觉清凉（图 5-27）。登临此处，俯瞰全园，园中胜景均历历在目，犹如一幅连续的画卷（图 5-28）。极目远眺，博厦一带山水秀色尽入眼底，深得借景之妙。在此可远观山川之态，近听市井之声，故联云“大江前横，明月直入”。

图 5–25 全园最高建筑——邀山阁

图 5–26 邀山阁外置楼梯

图 5–27 四周明窗渗透的景色

图 5–28 俯瞰后花园景色

● **可堂**　是主人房，也是重大喜庆宴会之地，三开间，大厅坐北朝南，格局方正，两侧为卧室。可堂是可园最庄严的建筑，四条红石柱并列堂前，显得气派不凡，室内摆设古色古香（图 5-29、图 5-30）。可堂外左右两廊设有长廊，秀丽中蕴藏着庄严肃穆（图 5-31）。右前方设一小台名“滋树台”，为园主人专门摆设盆景之用（图 5-32）。堂外正中大石山筑一，状似狮子，威武雄壮，其间建一楼台，人称“狮子上楼台”（图 5-33~图 5-35）。每逢中秋佳节，月圆之夜，人们登台赏月，可尽览秋色。

图 5-29　可堂

图 5-30　可堂厅堂陈设

图 5-31　可堂外长廊花基

图 5-32　“滋树台”

图 5-33　庭院中的楼台

图 5-34 “狮子上楼台”景

图 5-35 狮子假山

● **壶中天** 位于可堂西侧。它无任何建筑，而是倚着四面的楼房形成一方独立的空间。这个阁楼中间的小天井设有太湖石和陶瓷的桌凳，是园主人张敬修户外下棋喝茶的小天地。他将此地称为壶中天，一壶茶、一盘棋、一方天。听着楼上阵阵琴音，欣赏庭院美景，凉风习习，神清气爽。“园小无穷景，壶中别有天”，概括了它的精妙之处（图 5-36~ 图 5-39）。

图 5-36 壶中天月亮门入口

图 5-37 月亮门框景

图 5-38　阁楼中间的小天井

● **绿绮楼**　绿绮楼是可园最富传奇的地方。相传园主人张敬修十分爱好名琴。在清咸丰年间，他购得一台出自唐代的古琴，名称为绿绮台琴。此琴制于唐武德二年（619 年），是历尽沧桑和富有传奇色彩的古琴。张敬修购得此琴，惊喜万分，特建此楼专门收藏此琴，并命名为绿绮楼。可以想象古代的一位娴静才女，缓缓掀开门帘，莲步轻移，在古琴前坐下，纤纤十指，奏响华美乐章的情景（图 5-40~ 图 5-42）。

图 5-39　壶中天庭院布置

图 5-40　绿绮楼牌匾

图 5-41　绿绮楼室内布置

图 5-42　绿绮楼外观

**● 可湖区** 可湖与可园为临，“借来”成了可园的一部分。可湖区又称为花隐园，湖中有可亭、钓鱼台、拱桥、可舟、水榭等（图 5-43~ 图 5-44）。

可亭为六角形平面，清秀挺拔。人们在可亭上既可欣赏湖光美景、游鱼，又可沐浴清凉的微风，环顾四周杨柳依依。可亭既是一年四季观景休闲的去处，又是读书做诗的好地方，可谓“三曲红桥留雅士，一湖绿水笑春风”（图 5-45）。可舟又名伏波楼船，仿汉代伏波将军的水陆两栖作战船而作。

图 5-43 可亭远景

图 5-44 可亭

图 5-43 可湖区域的建筑群

沿湖水廊名博溪渔隐，以前可供小船停靠，目前尚可见完好的石制船栓，从这里能饱览可湖的湖光秀色（图 5-46~图 5-49）。

图 5-46　博溪渔隐入口

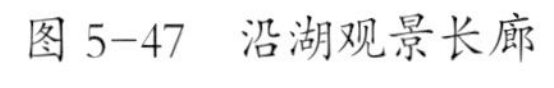

图 5-47　沿湖观景长廊

图 5-48　船栓

图 5-49　可湖景色

雏月池馆是临水船厅，似一叶轻舟停泊湖岸，极具岭南水乡特色（图 5-50）。雏月池馆常作为主体建筑代替厅堂，既可作为宴请场所，又可作为观赏园景佳地，夜赏初升雏月之处（图 5-51）。有园主题联“大可浮家泛宅，岂肯随波逐流”（图 5-52）。

图 5-50　雏月池馆

图 5-51　雏月池馆厅堂

图 5-52　雏月池馆园主题联

## 2、建筑布局设计与材料应用特色

● **符合岭南气候条件需求的热环境设计处理**　根据岭南亚热带地区夏季炎热、潮湿、受季风影响形成较大风的特点，可园在布局、防晒和通风方面具有独到的设计，并合理利用建筑朝向、植物配置、水体比例等，营造出夏凉冬暖的环境。

● **顺应自然的庭园空间布局**　庭院的平、立面设计巧妙地引夏季清凉的主导风入园内，并且有效阻挡冬季寒冷的西北风，冬暖夏凉的效果明显。除将庭园布置在中心外，造园者尤为注重建筑的朝向。面向东南的正园门将夏季凉风引风入室，夏季凉风穿过擘红小榭进入内庭，顺畅直入没有墙壁的可轩、可堂，以及上中扇可以折叠开启、打开窗后空间大而敞亮的室内，促使室内散热降温（图 5-53）。全园建筑分布为东南部低，西北部高，而且庭园分界的围墙东部矮而通透，西部高而厚实（图 5-54）。因此，冬季寒冷的西北风被阻隔，夏季的东风、东南风则吹入园内，形成特有的风道。

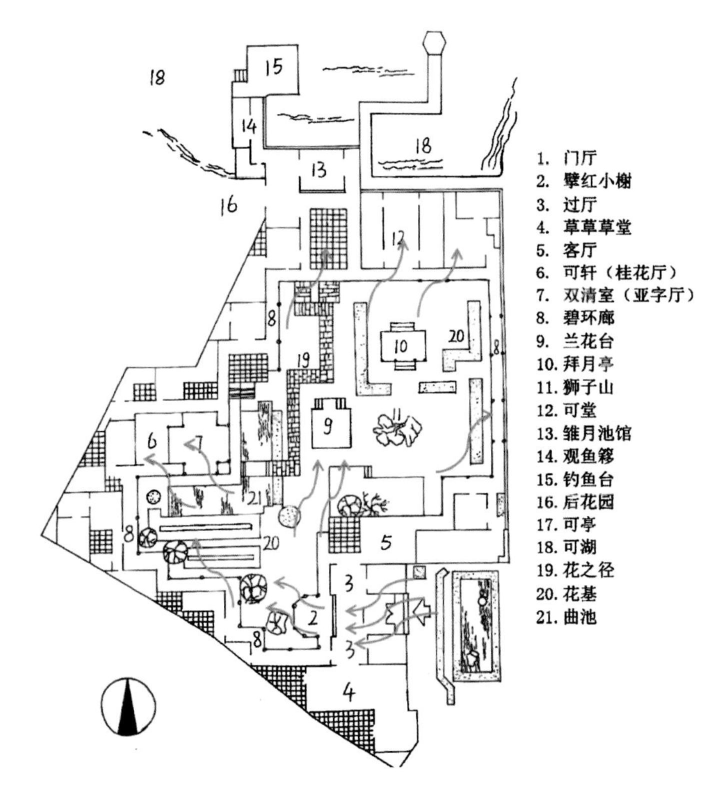


图 5-53　可园风道平面示意图（自绘）

图 5-54　可园立面设计特点（自绘）

● **园内遮荫纳凉的花基和花草树木** 园内设计了不少长条形花基，用来摆放或栽种植物，有效遮挡了地面日晒(图5-55)。同时，造园者在有限空间种植的花草树木形成较大树荫，有效地降低太阳对地面的热辐射。园内环境终年满眼碧绿，郁郁葱葱，如沐春风，给人清凉舒适的感觉（图5-56）。

图5–55　各式花基

图5–56　郁郁葱葱的花草树木

● **符合岭南气候特点的“高墙冷巷”** 可园四周的“高墙冷巷”凝聚了岭南古建精华及设计者的智慧。走进可园，无不让人叹为观止。冷巷为岭南传统建筑的精髓，具有组织、加强自然通风的功能。因为受太阳辐射少，空气温度低，再加上存在垂直温差，冷巷可以和两旁建筑内的热空气形成对流，起到通风降温的作用。同时冷巷截面面积较小，巷内风速增大时，风压会降低，与冷巷接通的各房间较热的空气被带出，较冷空气自然得到补充，从而达到通风换气的目的。一体化外墙让不规则布局的可园形成外闭内放的庭院空间，外观看上去完整归一（图 5-57）。同时，外墙与园内建筑及廊道形成了第一道岭南庭院特有的“高墙冷巷”，狭窄的露天通道让可园有了外围的自然风道（图 5-58）。岭南的气候环境长期湿热，通风比遮阳、隔热更为重要。院墙应用和巷的营造，让可园实现了顺应自然、改善环境，让生活更加舒适美好。

图 5-57 一体化规则的外墙

图 5-58 狭窄的“高墙冷巷”空间

● **适宜当地气候的防晒通风措施** 可园应用顺其自然、改善自然的设计原则，创造了很多设计手法。独特的防晒、通风措施让生活设施和环境更适宜当地气候。

**窗户独具特色** 可园的窗多设计为双层或三层，开窗时最下层不打开以保持室内私密性，上面其他层可以折叠并向上撑起，通过栓固定，既可以遮风挡雨，又可保持室内通风透气(图5-59)。

图 5–59 设计独特的窗户

**天井、邀山阁的通风散热设计** 可园的设计采用民居常见的天井和窗，通过因地制宜的手法，达到有效的通风散热效果。天井作为重要的热缓冲过渡空间，是岭南地区民居的必备要素，对调节室内热环境起着重要的作用。可园的天井形状大小不一，有深天井、浅天井、方形的、三角形的……可园在建构上结合了天井形状朝向、面积大小，高深比差异、位置等因素考虑，使室内更好地达到降温通风效果，发挥其独特的作用(图5-60)。邀山阁位于可楼的顶层，是园内风速最大的地方。阁内四边开窗，不管哪个方向的风吹过，都可以通过此阁的楼梯口形成负压，通过风道把底层天井的冷风传输到各层室内。这种通风散热的设计手法十分独特，而且因地制宜，满足岭南的环境条件需要（图5-61~图5-63）。

图 5–60 建筑天井设计

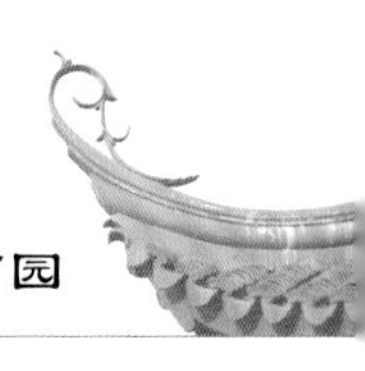

图 5-61　邀山阁四面明窗

图 5-62　狭窄的楼梯

图 5 63　天井

**桂花厅机械通风措施**　桂花厅降热与熏香同步，宾客在享受凉风习习的同时，沐浴在阵阵清香中，不禁心旷神怡。桂花厅的机械通风措施在当时是很超前的做法，充分彰显主人追求高品质的生活态度。

**● 选择就地取材的建筑材料**　为了适应岭南地区炎热多雨的气候环境，可园外观为水磨青砖结构，建筑材料主要以木、石、青砖为主（图 5-64）。这既不同于北方园林建筑厚重的砖石结构，也不同于江南园林轻巧的廊柱结构。可园的大门入口、墙基、柱、柱基、花台等多处的材料选择东莞当地的红砂石（图 5-65）。其蓄热系数较小，日晒后吸热低，防热、防蚁、防腐、耐用，而且红色喜庆，充满了园主人对美好生活的祝愿和向往。

图 5-64　水磨青砖结构的建筑

大门入口红砂石墙基

庭院红砂石桌　　红砂石柱基　　红砂石柱

图 5-65　可园的红砂石应用

**● 建筑装饰特色**　可园的楼台、亭阁、池桥、厅房左回右折。园内的窗户多采用形状各异的几何图形，涂上对比强烈的颜色。阳光透过彩色玻璃洒入室内，地面五彩斑斓，流光溢彩，形成特色鲜明的可园风格。其中以双清室最为突出，红柱绿瓦，建筑本身、地板乃至台凳、茶几均作精美吉祥的繁体亚字形，槛墙设窗，饰以法国彩色玻璃，将前卫的欧式材料、几何图案与中国的木质及文化元素相结合，对比强烈却又显和谐，彰显岭南园林海纳百川、灵活运用的特点（图 5-66、图 5-67）。

图 5-66　双清室外观

图 5-67　法国制造的彩色玻璃窗

可园的窗雕、木雕精美，栏杆、地板都十分特别，各具风格。牡蛎壳加工成由薄片和竹片编成的蚝壳窗。蚝壳窗透光、挡强光、吸热，极具地方特色，常见于古典岭南园林中，但现已留存不多。可园则保留着原样的蚝壳窗（图 5-68）。葡萄林室的木雕栩栩如生，一串串葡萄寓意硕果累累、多子多福（图 5-69）。问花小院雕刻做工精美，将岭南佳果荔枝喜庆吉祥的氛围生动呈现（图 5-70）。

图 5-68　原样保存的蚝壳窗

图 5-69　葡萄林室的木雕

图 5-70　问花小院荔枝雕刻

园内多处的美人靠更是可园最为巧妙的设置。美人靠也叫“飞来椅”“吴王靠”，学名“鹅颈椅”，是一种下设条凳、上连靠栏的木制建筑，外探出的靠背弯曲似鹅颈。其优雅曼妙的曲线设计合乎人体轮廓，靠坐着十分舒适。“蛾眉凭间凭蛾眉，美人靠上靠美人”，相传春秋时吴王夫差为西施设美人靠，专供其二人休息所用。随着时间的推移，美人靠在民间盛行，也逐渐纠缠了诸多美丽的哀愁。可园美人靠的设计别具匠心，不同位置设置的美人靠流露着不同的韵味，如观鱼簃的美人靠可供休憩，欣赏湖光水色、游鱼，推开窗便可见可湖，湖中可亭已成窗中画（图 5-71、图 5-72）；擘红小榭的美人靠邀客人在此小憩、吟诗作画，洋溢着欢声笑语（图 5-73）；在可堂楼上过道设置的美人靠更具有独特的韵味，因位置空间有限，它设计得很小巧，靠在临街开敞的窗户之下，使人仿佛看到深闺的女子百无聊赖眉凝眸，在窥视楼下迎来送往的应酬，凭栏寄意（图 5-74）。

图 5-71　观鱼簃的美人靠

图 5-72　观湖景色的美人靠

图 5-73　擘红小榭的美人靠

图 5-74　可堂楼上过道设置的美人靠

图 5-75　门口处的罗汉松

图 5-76　问花小院前的翠竹

## 五、园林植物与建筑互为映衬

造园者运用了咫尺山林的手法，在可园有限的空间里再现大自然的景色。园内植物选择以本土或当地生长良好的外来品种为主，植物配置乡土特色明显。植物与建筑相互映衬，建筑、山池在花木的映衬下，伴随一年四季及天象变化呈现出各种景象，形成丰富多样的空间格局，营造出步移景异的园林景观。

### 1、植物营造丰富的庭院园林氛围

植物协调了建筑与空间的关系，将冰冷建筑变得生动活泼。可园的庭院外空间较小，且被建筑分隔成多变的庭院空间。造园者在庭院的角隅、入口、天井、转角等处用观赏价值高的植物作为主景装饰。植物的形态特征使建筑物突出的体量与生硬的轮廓软化在绿树环绕的自然环境中；植物的色、香、姿等特点，让建筑物变得生动而有灵性；植物特有的地方文化赋予庭院思想、文学甚至精神境界。以门口处的罗汉松（图 5-75）、问花小院转角处的翠竹（图 5-76）为例，植物的姿态和叶片线条，弥补了建筑在动态上的不足，使得墙体、门框等的呆板消失不见，生硬的景观变得活泼富有动感。擘红小榭亭前的荔枝、龙眼（图 5-77），后院的荷花玉兰（图 5-78），与建筑周围的环境、使用功能及使用目的融合。

图 5-77　小庭院里荔枝、龙眼树

图 5-78　荷花玉兰

植物花开花谢，硕果累累，充满生机，随着时间与季节呈现出不同的姿态，在丰富园林建筑艺术构图的同时，赋予不变的园林建筑季候和时令感。人的活动融入其中，将建筑本身希望表达的特点和意境衬托得更加鲜明（图5-79）。

## 2、植物衬托建筑活化景观

建筑建成后形态基本不发生变化。可园在不同的地方配合不同建筑种植恰当的植物，利用植物与建筑相互映衬，相互因借，相互补充，既突出主体建筑，又与建筑构成和谐的画面，使得建筑更有意境，景观具有画意。同时，这种手法避免了景观重复，增加园林景观的丰富性。在西门入口庭院规则式的水池，植物景观层次丰富（图5-80），百年古藤（炮仗花）与建筑相映成趣（图5-81）。全身披着长长的炮仗花的狮形假山栩栩如生，像是正在寻找着猎物、伺机而动的狮子。岭南地区炮仗花春节前后开花，喜庆吉祥（图5-82）。垂柳、棕竹、散尾葵、三药槟榔等姿态柔美的植物，柔化了建筑刚性的线条，构成了活化而且丰富的景观（图5-83）。

图5-79　不同季节植物的姿态

图5-80　西门入口庭院植物景观层次丰富

图 5-82　炮仗花与狮形假山融为一体

图 5-81　百年古藤（炮仗花）与建筑相映成趣

图 5-83　柔美的三药槟榔与建筑成景

### 3、植物景观意境与建筑意向统一

可园中的一树一木、一石一草经过精心构图，营造出不同的景观意境，如松柏长寿、竹示气节、芍药荣华、玉堂富贵、含笑深情等。这些意境又与园内建筑表达意向相统一，最典型的当属可轩门前小园配置的桂花。桂花让可轩成为名副其实的桂花厅，谐音“贵”，植物与建筑名呼应一致，寄托主人的美好意愿。同时，落地门罩、地砖均为桂花造型，让植物与建筑装饰、建筑整体等相互入画成景，充满诗情画意，建筑显得更有生命力（图 5-84）。可轩空气中散发出的阵阵桂花香，尽显主人对宾客的尊重。同时，植物与建筑环境空间、人文情怀相融，充分展示主人的文化素养，提升了建筑的文化品位。擘红小榭旁植有岭南佳果荔枝树，寓意显而易见，挂果季节，硕果累累，宾客满座，琴棋书画，欢声笑语（图 5-85）。

图 5-84　桂花厅的“贵”意

图 5-85　擘红小榭旁的荔枝树

## 六、可园蕴藏的文化艺术内涵

“雅意文风”是可园另一突出的特点。东莞可园园主张敬修虽是一名武将，但琴棋书画无不精通，可园的设计及室内清新文雅的摆设都蕴含着丰富的文化内涵。

### 1、可园及其园内建筑命名寓意深远

可园的命名看似出于偶然，其实是主人的人品情操及对生活追求的必然。可园里的亭台楼阁不少冠以“可”字，比如可楼、可轩、可堂、可舟、可亭、可湖等等，“可”是张敬修自谦的称呼，也是主人文化品德修养的体现。园子可以使人一时意会，遂命名“可园”。名虽朴实，诗味则浓，颇合主人生活情趣、态度和人生追求目标。入口门楼上方“可园”二字由张敬修亲笔题写，每个字均为一笔写成，含蓄中带有豪迈之感，又隐约有张敬修怀才不遇的幽怨（图 5-86）。

另外，园中还有很多亭台楼阁的名称颇具诗意，如问花小院、雏月池馆、绿绮楼、诗窝、息窠、听秋居等。名中有诗，诗中有画，尽显主人的书画造诣和雅意文风。

### 2、楹联众多，蕴含着丰富的文化内涵

楹联是可园表现传统文化气息、思想的常用载体，诉说着主人的生前品位。罗彤鉴撰写了现前门联：可羡人间福地；园夸天上仙宫。这是前人赞扬可园的楹联中最为出名的楹联，寥寥十二个字，道出了可园的雍容华贵，堪称天上人间。原前门联：未荒黄菊径；权作赤松乡（图 5-87）。上联用陶潜“采菊东篱下，悠然见南山”的典故，下联用张良帮助刘邦打平天下，建立汉朝，晓得刘邦只能共患难，而不能同享福的心思，因此他急流勇退，遁入空门，自称赤松子的故事。原前门联充分表达出可园主人名为隐退，实欲复出的心思。

图 5-86　张敬修亲笔可园

图 5-87　现前门联与原前门联

**擘红小榭紧连方门亭子的亭柱挂有两副对联**　擘红怜指嫩，台榭风清评妃子；啖荔助诗狂，水天月白忆东坡（联1）。笑靥尽堪怜，疑酣琼醴红潮起；诗脾端可沁，欲吻冰肌白雪飘（联2）（图5-88）。联中“擘红”是指剥荔枝。擘红小榭是主人邀请文人墨客吃荔枝的地方，两副对联都反映了宾主品荔枝、论诗酒的欢乐情景。

**博溪渔隐环碧廊对联**　十万买邻多占水，一分起屋半栽花（图5-89）。可园临湖设廊观景，人们沿游廊可至雏月池馆船厅、湖心可亭等处，可以饱览可湖的湖光秀色。居巢咏诗：“沙堤花碍路，高柳一行疏；红窗钩车响，真似钓人居”，对此处的意境赞美有加。

图5-88　擘红小榭对联

图5-89　博溪渔隐环碧廊对联

图5-90　拜月亭联

**拜月亭联**　荆树有花兄弟乐；橘林无实子孙忙（图5-90）。上联典出南朝梁吴均《续吴谐记》。汉朝田真、田庆和田广三兄弟分家，他们决定把院中的紫荆树也分为三段，各家一份。第二天砍树时，紫荆树已枯死。田真见此情景，对两个弟弟说，树听说自己要分为三段，自行枯死，我们真不如树啊！说完悲痛不已。三人决定再不分家，而紫荆树居然又复活了。后人以紫荆比喻同气相连的兄弟。上联就是说兄弟和睦，家业才兴旺。下联典出汉·许慎《说文解字》：“庶有达者理而董之。”段玉裁注：“每诵先王父诗句云：‘不种砚田无乐事，不撑铁骨莫支贫。’”《任昉·为萧扬州荐士表》：“既笔耕为养，亦佣书成学。”就是告诫子孙笔耕无税砚田，读书明理，勤奋治学。

**可堂联**　可可动情思漫问可楼何处觅；堂堂消岁月应怜堂庑此间存（图5-91）。该联由清代林维新撰、张群炎所书。可堂是可园最庄严的建筑，每逢中秋月圆之夜，人们可由此登台赏月，尽览秋色。堂庑：堂及四周廊屋，亦泛指屋宇。《列子·杨朱》：“庖厨之下，不绝烟火；堂庑之上，不绝声乐。”南宋鲍照《伤逝赋》：“忽若谓其不然，自惆怅而惊疑。循堂庑而下降，历帏户而升基。”

图 5-91　可堂联

### 3、装饰题材表达传统的文化思想

可园在装饰方面也通过一定的意象题材表现出如兴旺发达、延年益寿等传统的文化思想，含蓄地表达了美好祝愿（图5-92）。滴水纹使用了寿与折枝花卉相结合的方式，寓意“富贵长寿”（图5-93）；漏窗使用仙桃、芭蕉叶等图例，寓意“长寿”“成大叶”（图5-94）；可亭与雏月池馆曲桥相接，桥栏饰以“寿”字（图5-95）。可堂门罩使用喜鹊、梅花、兰花、莲花等吉祥之物来表达、呼应（图5-96）。这种方式既丰富了装饰图案，又渗透着浓郁的传统文化气息。

图 5-92　室内立体灰雕装饰

图 5-93　滴水纹装饰图案

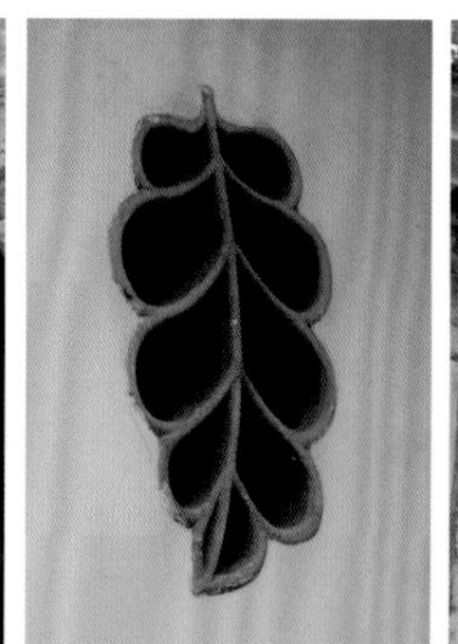

图 5-94　漏窗图例样式

图 5-95　曲桥栏杆

图 5-96　“可堂”门罩装饰

### 4、岭南画派的摇篮

岭南画派以兼工带写，彩墨并重为艺术手法，着重写生，多画南方风物和风光，章法、笔墨不落陈套，色彩鲜艳，自创一格，独树一帜，是中华民族绘画史上的一个重要民族绘画流派。岭南画派鼻祖居巢、居廉随张敬修做幕僚，客居东莞可园十年，写生作画授徒，擅花卉草虫，重视取法自然，创造、完善和传播了“撞水”“撞彩”花鸟画技法，为岭南画派开创先河（图 5-97）。因此可以说，可园是岭南画派的摇篮。

图 5-97　居巢、居廉所作扇面（拍摄于可园文化宣传展）

# 第六章 开平碉楼与村落

开平碉楼位于广东省中南部，珠江三角洲西南部。开平市南、北、西部多丘陵， 东部和中部多小丘平原，海拔大多都在 50m 以下。潭江穿过开平中部，与支流构成河网交错的地貌，两岸是冲积平原，地势低洼，土地肥沃，当地素有“六山一水三分田”之说。

开平是著名的华侨之乡，全市总面积1659 $km^2$，总人口68万，原藉开平的中国同胞75万人，分布在 68 个国家和地区。碉楼大多由北美、南亚、澳大利亚等国家和地区的华侨出资所建，见证了一个多世纪以来中华侨胞的不屈不挠。

从字义理解，“碉”指军事防守的建筑，“楼”为两层楼以上的房屋，碉楼即是把军事防御功能与民居建筑形体结合起来的建筑。开平碉楼的历史，最早可上溯到明末清初以至 20 世纪 20— 30 年代。当时广大侨胞为了防洪防匪，保护家眷的安全，纷纷兴建居守兼备的碉楼。随着大量华侨回乡置业，开平碉楼在鼎盛时期有 3000 多座，至今仍完好保存着 1833 座。碉楼外观具有浓郁的欧式古典风格，与当地传统岭南土屋交错在一起，是乡土建筑的特殊类型，集防卫、居住和中西方建筑艺术于一体。这些碉楼散落在开平广袤田野，碉楼周围没有高山环绕，仅有蓝天白云作为背景。碉楼与周边的村落、稻田、小桥、流水相互映衬，形成了绝无仅有的乡间景色和奇特美丽的乡村景观（图 6-1）。

图 6-1　碉楼与村落

碉楼是华侨个人智慧与外国建筑艺术的结晶，体现了楼主对西方文化所表现出的从容、自信、接纳，及洋为中用、兼容并蓄的心态。碉楼建筑自民众的现实功能需要中诞生，作为特殊历史时期的特殊产物，留下了宝贵的建筑文化基因，耐人寻味，具有不朽的历史意义。2007 年 6 月，开平碉楼与村落正式被列入《世界遗产名录》。这是中国第 35 处世界遗产，是广东省第一处世界文化遗产，也是我国历史文化名村。申遗成功后，开平碉楼与村落受到全世界人民的关注。

## 一、整体分布概况及特点

### 1、分布概况

至今保存完好的 1833 座碉楼，广泛分布于开平市区及所辖的十七个乡镇之中，其中位于开平中部潭江冲积平原的塘口镇、百合镇、蚬冈镇、赤坎镇的碉楼最多（表 6-1）。被列入《世界遗产名录》的是赤坎镇的三门里村落、蚬冈镇的锦江里村落、塘口镇的自力村村落和方氏灯楼以及百合镇的马降龙村落群。在这四个保护区内有 40 多座核心建筑作为旅游资源被开发利用。

开平侨乡村落的布局依然遵循岭南乡村常见格局，倚山、面水、前祠、后楼、簕竹环绕，稻田飘香，村口榕树成荫，房前屋后竹林果树青翠。走进绿水青山之间的村落，放眼望去，一座座突兀屹立的乡土建筑——碉楼，打破了中国传统村落舒展平缓的天际轮廓线，错落有致地分布在稻田或山冈林间。单个村多则十几座少则三四座，纵横数十公里绵延不绝，令人震撼。星罗棋布的中西结合式碉楼建筑依荷塘和竹林果园而建，井然有序，位于民房后面，与传统土屋交错在一起，与稻田、竹林、山丘融为一体，构成了独特的乡村景观（图 6-2）。

表 6-1　现存碉楼数量及分布统计

| 镇（区） | 数量（座） | 镇（区） | 数量（座） |
|---|---|---|---|
| 三埠 | 17 | 大沙 | 22 |
| 长沙 | 145 | 马冈 | 36 |
| 沙冈 | 71 | 塘口 | 536 |
| 水井 | 1 | 赤坎 | 200 |
| 月山 | 47 | 百合 | 385 |
| 水口 | 15 | 蚬冈 | 155 |
| 沙塘 | 40 | 金鸡 | 19 |
| 苍城 | 28 | 赤水 | 97 |
| 龙胜 | 12 | 东山 | 7 |
| 总计 | 1833 | | |

图 6-2　星罗棋布的碉楼

## 2、分布特点

### ● 星罗棋布式散落田园

开平村落的建筑包括传统民居、碉楼、西式别墅、祠堂、灯寮等。传统民居是村落建筑的主体，多呈棋盘式集中布置，村巷纵横交错，住宅排列非常规整，横向发展，最大限度地提高了村地的利用率（图 6-3）。碉楼和西式别墅“庐”多坐落在村后，点式竖向发展，散落在水塘、荷塘、稻田、草地其间，与低平的民宅高低错落，背后无山的村落常常借其势为“靠山”，成为独具岭南乡村气息的洋式城堡村落（图 6-4）。

图 6–3　村落建筑群

图 6–4　洋式城堡村落

## 自由式布局构成多样景观

碉楼按不同的布局形成了不同的景观类型，大致有独立式、组团式和联体式等。独立式一般是指该碉楼及其周围一定区域内仅此一户人家活动，附近没有其他的碉楼或民宅群（图 6-5）。

图 6–5　独立式碉楼

组团式是指多栋碉楼建于同一区域，形成明显的碉楼群（图6-6）。联体式通常是指兄弟俩各自有一栋碉楼，两座楼并列而建，紧密相连，如遇到紧急情况可以共同御匪，当地把这类碉楼常称为“楼”（图6-7）。无论哪种类型，碉楼都形成了富有地方特色的村落风光。

图 6-6　组团式碉楼

图 6-7　联体式碉楼

图 6-8　防御型碉楼——锦江楼

## ● 防御型碉楼补充完善村落御敌系统

开平村落一般集中建设，从而形成简单有效的防御系统，而防御型碉楼使得村落防御系统更加完善有效（图6-8）。这种碉楼多位于村落中轴线附近的视觉中心，或者分布在村落道路两侧、对角线两端，少数自由分散于村落周围，扼守道路和边角有效御敌。防御性碉楼顺应原有村落布局的基本脉络而建，在保持原有村貌的同时加强了整体防御能力。

## 二、开平碉楼的类型与特点

### 1、碉楼的造型特色

碉楼的卜部形式大致相同，只有大小、高低的区别。大的碉楼，每层相当于三开间，或更大；小碉楼，每层只相当于半开间。现存最高的碉楼南楼，位于赤坎乡，高达七层，而矮的碉楼只有三层。碉楼的造型变化主要体现于塔楼顶部。楼顶造型百变多样，美轮美奂，其中比较美观、特别的造型样式有中国式、中西混合式、意大利穹窿式顶、古罗马式山花顶、敞廊式平顶、西式混合式等（图 6-9）。

中国式屋顶
中西混合式屋顶
意大利穹窿式屋顶
古罗马式山花顶
敞廊式平屋顶图
西式混合式屋顶

图 6–9　碉楼顶部造型多样化

开平碉楼的建筑材料和风格各有差异，但楼身设计有共同特点，就是立面整体简洁、铁门钢窗、门窗窄小、墙身厚实、墙体上设有枪眼(图6-10、图6-11)。碉楼通常设有“燕子窝”，即突出悬挑半封闭的角堡，远远看去如同檐下的燕子筑的巢，得名为燕子窝。燕子窝腾空，对前、对下都有枪孔，人们可以通过燕子窝对碉楼四周形成全方位的控制(图6-12)。为保障居所和聚落的安全，碉楼在防御上极尽所能。

图 6-10　碉楼墙身

图 6-11　铁窗和墙体枪眼

图 6-12　腾空防御——“燕子窝”

## 2、碉楼的分类及特点

### ● 按建筑材料划分

**碉楼**　可以大致分为土楼、石楼、青砖楼、钢筋水泥楼等。2001 年普查结果显示，开平有泥楼 100 座、石楼 10 座、砖楼 249 座、钢筋混凝土楼 1474 座。

**泥楼**　包括泥砖楼和黄泥楼两种，其中泥砖楼保存下来的较少。黄泥夯筑碉楼在开平早期碉楼中较多，类似福建、赣南地区用生土夯筑技术建造的土楼。主要用黄泥、白石灰、砂以及红糖（或糯米）按比例混合后搅拌成夯筑原料，倒入用大木板夹住的墙模中，用粗木椿把夹木板内的黄泥等原料夯实。墙体通常高 3~5 层，厚 50cm。夯筑楼较泥砖楼坚固，但也存在风化问题，保留下来并不多 ( 图 6-13)。

**石楼**　主要分布在开平北部的低山丘陵地带，大沙镇最多，总体数量比较少。以块石为主材，黄泥、砂、石灰、黄糖、糯米汁等为粘结材料。石楼采用木架结构楼板，楼层一般不高，多为三层以内的高度，平台不悬挑。顶楼多数是硬山式，建筑立面质感粗犷自然 ( 图 6-14)。

**砖楼**　包括内泥外青砖楼、内水泥外青砖楼和纯青砖楼三种类型。内泥外青砖楼就是在泥楼外侧镶一层青砖，既美观又能防止雨水侵蚀，从而延长墙体寿命。内水泥外青砖楼是在墙体内外两侧用青砖砌成，中间为水泥，质地坚固，造价比钢筋水泥楼更经济实惠。纯青砖楼的墙体全部用青砖砌成，经济、美观、耐用，具有中国建筑外墙的特点 ( 图 6-15)。

**钢筋混凝土楼**　多建于 20 世纪 20—30 年代，用水泥、砂、石和钢筋建成，极为坚固耐用，是目前开平碉楼中保存最完整的一类碉楼。钢筋混凝土楼高 4 层以上，以 5~6 层高居多，最高达到 9 层 ( 图 6-16)。由于清末民初时期钢筋、水泥需要从海外进口，价格较贵，为了节省材料，碉楼建设者发明了混合墙体结构，以砖、混凝土混合使用，造价较经济。其做法是在外砌空斗墙体内浇灌混凝土进行加固，或者是底部受力大的楼层用混凝土墙、上部砌砖墙，又或者是仅在需要大悬挑的上部露台、柱廊、燕子窝等处用钢筋混凝土结构。混合式结构楼高度一般为六层，楼板为钢筋（钢骨）混凝土或木架结构，平台采用悬挑式 ( 图 6-17)。

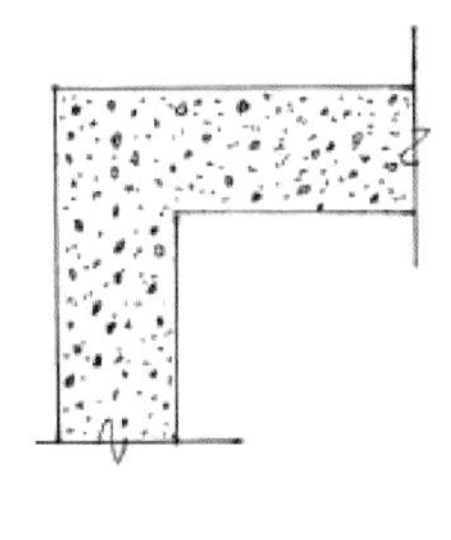

图 6-13　泥楼

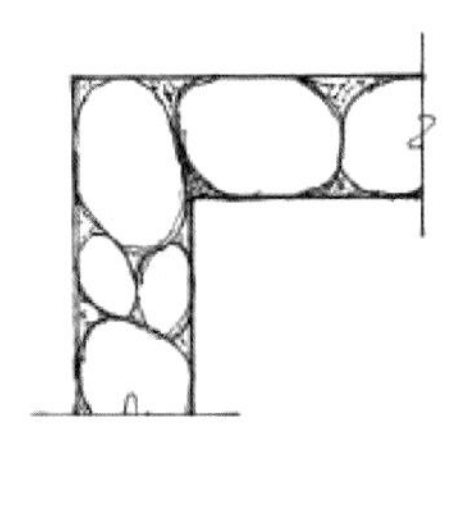

图 6-14　石楼

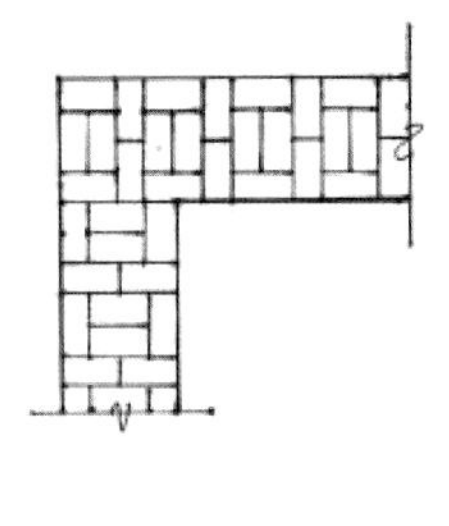

图 6-15　砖楼

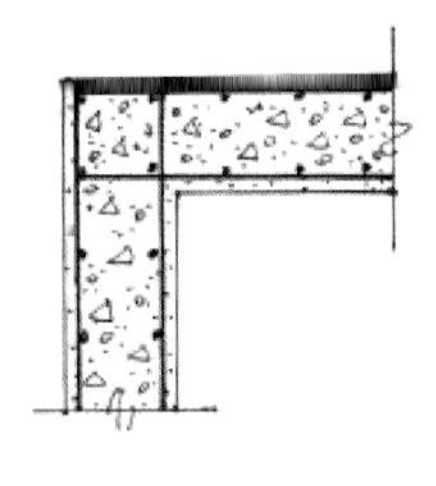

图 6-16　钢筋混凝土楼

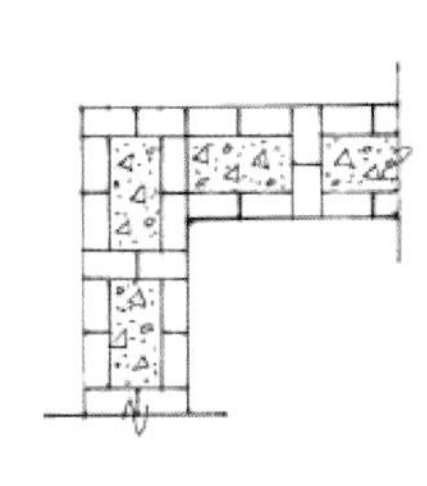

图 6-17　混合楼

● **按使用功能不同划分**

大致分为更楼、众楼、居楼。开平文物局的普查数据显示，更楼等作村落放哨之用的碉楼 221 座，占在册碉楼总数的 12%；作集体防御及躲避贼匪之用的众楼 473 座，占在册碉楼总数的 26%；作私人居住之用的居楼 1 139 座，占在册碉楼总数的 62%。

**更楼**　主要用于打更放哨的碉楼，分为灯楼和闸楼两种形式。灯楼多建在村外，一般由相邻的几个村落为了抵御匪患共同出资建造。楼上多配有探照灯、枪支等警戒防御装置，主要用作预警。闸楼常建于村口或独立于村外，由全村成年男人昼夜轮班值勤，白天负责检查进出人员的身份，夜晚关上闸门，依时敲锣报更报替，为村民的安全增添一道屏障，在匪患来临时还可起到村落之间共同联防的作用。赤坎南楼就是侨乡人民为了防御盗贼，建于地势险要之地的碉楼。赤坎南楼占地面积仅 29m$^2$，楼高 7 层 19m，钢筋混凝土结构，每层设有长方形枪眼，第六层为瞭望台，设有机枪和探照灯。南楼在不同的时期都起到重要作用，在和平时期是航标，战争时期是防御关卡（图 6-18）。

**众楼**　由村民共同集资兴建的碉楼，是一座集体性的防御建筑，占地面积相对较大，楼高通常 4 ～ 5 层，内部格局类似现代的公寓楼，在洪涝发生或匪患猖獗的时候起到临时避灾防御的作用。锦江里的锦江楼是典型的众人楼，楼高 5 层，顶层为悬挑出来的平台，墙体密布枪眼，窗口狭小，置有铁门、铁窗，建筑形体简洁，朴实无华，是防御性显著的碉楼（图 6-19）。

**居楼**　将防卫和居住这两项刚性需求充分结合，逐渐衍生出的新型碉楼。居楼集居住和防御为一体，是用作家族住所的碉楼，多为富裕的华侨私人营造。在民国初期，富侨人家对碉楼居住环境的要求更加讲究，更加注重建筑与使用功能、建筑与景观的关系。除宜居、具备防御功能外，还考虑厨房、卫浴、书房等多重功能。居楼多由楼主独资建造，楼体高大，造型多样，装饰考究，内部空间宽敞，充分体现了碉楼主人的审美趣味和生活情趣，同时又兼顾了坚固安全和舒适宜居两个重要功能。因此，相比较而言，居楼是诸多类型碉楼中艺术性最强的一种。现今坐落在开平市蚬冈镇锦江里村，有着“开平第一楼”的瑞石楼是现存最高、最美的碉楼（图 6-20）。

图 6-18　更楼（南楼）

图 6-19　众楼（锦江楼）

图 6-20　居楼（瑞石楼）

## 三、开平碉楼的独特价值和村落特色

图 6-21 华侨寄回家乡的明信片

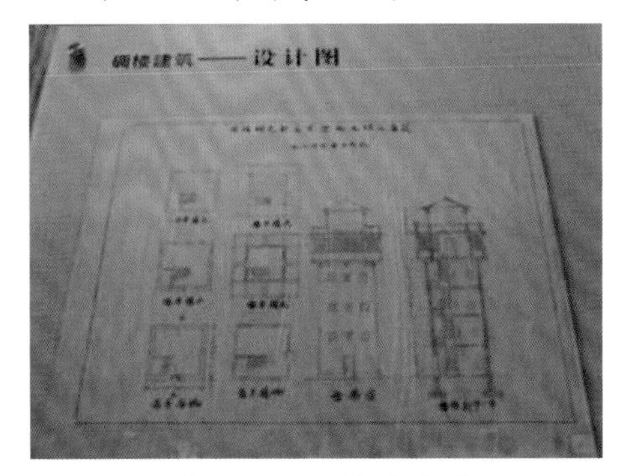

图 6-22 碉楼设计图

### 1、主动接受外来文化的重要历史文化景观

开平碉楼大规模兴建的年代，正是中国从传统社会向近代社会过渡的阶段。开平主动地接受外来文化，开平华侨是西方文化进入中国传统乡村的主要传播者。这些农民接触、感受、认识、理解了不同的文化之后，通过各种方式传回国内，并被侨乡民众接受。经过长期的耳闻目染，开平的华侨在价值观念、思维方式和生活习惯方面发生了变化，其心理活动模式和行为方式开始有别于传统的中国农民。

海外华侨在家乡的建设方面，不单单是出钱，而且还对具体的建筑造型样式提出要求。立园的主要规划者谢圣泮当年从美国写信回来叮嘱家人："其款式、形模仿效美国制"。在今开平立园内的碉楼博物馆陈列着两套由华侨早年从国外带回来的西方古建"普市卡"（即 Postcar、明信片），一套是葡萄牙的古建明信片，其中有一张就是世界著名的碉楼——贝伦塔；另一套为德国的古建明信片（图 6-21）。也有个别华侨直接带回设计图纸，交给工匠作为施工的参考（图 6-22）。像瑞石楼、升峰楼等就是按西方建筑范式设计的碉楼，其比例匀称、结构复杂、做工精细（图 6-23）。所以说，开平碉楼是中国乡村民众主动接受西方建筑艺术并与本土建筑艺术融合的产物。注：图 6-21~ 图 6-22 均拍摄于立园碉楼博物馆。

图 6-23 瑞石楼、升峰楼

## 2、集中西建筑艺术为一体的特殊建筑类型

开平碉楼是中国乡土建筑的一个特殊类型，是集防卫、居住和中西建筑艺术于一体的多层塔楼式建筑，凝聚了西方建筑史上不同时期许多国家和地区的建筑成就。当时的世界建筑正盛行折衷主义潮流，到 20 世纪 20—30 年代开始出现中西合璧建筑的高潮，世界建筑的潮流深切影响着侨乡建筑的发展。折衷式建筑把历史上曾出现的各种西方建筑风格结合起来，把古希腊式、古罗马式、哥特式、文艺复兴式、巴洛克式、古典主义、浪漫主义、洛可可等建筑风格随意组合，任意模仿，形成一种既仿古又没有固定模式的建筑风格。这种建筑风格正迎合了当时的华侨对西方建筑不甚了解，又想模仿的心态和需求。在这种潮流的影响下，“拿来主义”和“模仿主义”的手法，非常容易满足华侨回乡建房的要求。

开平碉楼的建造把古希腊的柱廊、古罗马的拱券和柱式、伊斯兰的叶形拱券和铁雕、哥特时期的拱券、巴洛克建筑的山花等都融入其中（图 6-24、图 6-25）。碉楼的具体建造又因为规模要求和楼主喜好的不同，更多地呈现出一种自由创作式的中西结合，形成一种非正统折衷主义的近代侨乡乡土建筑特点。

图 6–24　古罗马的拱券和柱式

图 6–25　巴洛克风格的山花

同时，也因为碉楼的具体建造者多为当地的工匠，他们具有深厚的传统中式建筑的建造经验和中国传统文化底蕴，对地道的西方建筑手法不甚了解，因此在建造新建筑时难免会无意识地采用传统中式建筑的建造手法，使新建筑自然而然地流露出中式建筑的味道（图 6-26、图 6-27）。

图 6-26　“土洋结合”的乡土建筑

图 6-27　“中西结合”的乡土别墅

## 3、融合东西方文化的装饰风格

由于独特的建造背景，碉楼建筑装饰一方面保留地方传统的建筑装饰材料和技艺，另一方面采用西方的建筑装饰表现形式，整体融合了东西方文化的装饰风格。所形成的传统建筑装饰工艺手法——开平灰碉也因其具有的侨乡碉楼文化背景而与岭南其他地域的灰雕文化有所不同。工匠在使用传统方法和矿物质颜料的同时，将国画、水彩画、油画等技法混合使用，或者把进口颜料与本土颜料混合使用，使得色彩更加亮丽。碉楼楼顶的装饰混合着西洋花纹、中式匾额及文字图像等（图 6-28）；蝙蝠、凤凰、葫芦、如意、钱币、莲花、木棉花等表示吉祥富贵的中式题材混在西洋花纹之间（图 6-29）；在用于雕刻西洋花纹的传统灰泥材料中加入少许水泥，使其表面光滑、坚固持久（图 6-30）。传统的装饰工艺、题材与西式的造型、构图并用，体现出中西合璧的装饰特征（图 6-31）。

图 6-28　楼顶的装饰

图 6-28 楼顶的装饰

图 6-29 门楣和窗楣的装饰

图 6-30　立体西洋花纹

图 6-31　中西合璧的各式建筑装饰

## 4、富有独特地域特色的乡村聚落文化景观

开平碉楼与村落是中国乡村本土文化与外来文化在建筑、规划、土地利用和景观设计等方面的一种完美的结合和独特范例。东西方建筑艺术与乡土建筑群落巧妙地融汇，与优美的自然环境、传统的稻作文化社区、习俗和田园一起，构成了一道全世界独一无二的聚落文化景观。联合国教科文组织世界文化遗产评审专家狄丽玲评价：开平碉楼与村落代表着一种独具艺术风格、地域特色、时代标志和审美价值的建筑类型和乡村规划，展现了人类建筑文化交流与景观组合的一个杰出品类。别致、挺拔的碉楼与传统、质朴的村落、竹林、果园、山水和稻田，共同构成优美的文化景观，杰出地展现了人与自然和谐统一的生产、生活和居住方式。

开平碉楼散布在这方具有浓郁岭南风情的城乡，姿态各异，常常使人有时空错置的感觉。人们时而仿佛漫步在古希腊神殿的敞廊，时而宛如置身于欧洲中世纪的城堡，时而又似乎来到意大利的街巷……但是，当人们走近碉楼，身姿摇曳的簕竹，密密实实的竹墙和茂盛张扬的大叶蕉林，又将人拉回到中国乡村的现实。这种富有地域特色的乡村文化景观令人陶醉，魅力无穷（图 6-32）。

图 6-32　融合在田园之中的碉楼与村落

### 5、岭南传统村落的布局与地带性农村建筑相融合

开平为河流纵横、池塘众多之乡。村落多临河而建，村落布局大多数是传统岭南村落的布局形式，枕山面水，由水塘、竹林、古榕、田畴、民居建筑、宗祠或灯寮、晒场以及各种神位形成情趣独特的空间结构和景观效果，对于岭南地域气候适应性强（图6-33）。梳式布局是岭南传统村落最典型的村落布局之一。通常在村落建筑群前设有一晒谷用的广场，广场前为半圆形或不规则长椭圆形的池塘，用于养鱼、灌溉等。建筑像梳子一样南北向排列成行，建筑之间形成巷道（图6-34）。

图6-33　开平传统村落鸟瞰实景

自力村采用的是梳式布局，村落的背部为风水林，前部为晒谷场、风水塘及成片的农田（图6-35）。全村共有住宅92间，其中三间两廊式传统民居77座，碉楼建筑9座，庐式别墅6座。村内传统民居建筑布局整齐，南北走向呈梳子状的巷道将民居编织成一体。民居多为一层或两层，以前低后高的形式排列。民居建筑面宽三间，东西设有两个入口门廊（图6-36、图6-37）。华侨们选择在紧邻传统民居处建楼，又或者在村后的开阔地带建楼。碉楼坐落在稻田之间，错落有致（图6-38）。

图6-34　锦江里村落实景

图6-35　自力村航拍景观

图 6-36　布局整齐的传统民居建筑

图 6-37　三间两廊式的传统民居

图 6-38　紧邻传统民居而建的碉楼

开平村落的规划建设模式至今仍受到村民的尊重和认可。村落的河流或者村前的池塘，仍用于农田灌溉、生活洗漱、村落消防、小气候调节等。前低后高排列的民居，呈现最大的迎风面。南来的凉风掠过河塘，通过村巷和天井吹进民居，促使屋内外空气循环流通（图 6-39）。这种传统的民居通风方式，是先民对自然认识、利用的最佳选择。村前的晒场既是翻晒稻谷的生产场地，又是村民的公共活动空间（图 6-40、图 6-41）。

图 6-39　村巷

图 6-40　晒场

图 6-41　村民的公共活动空间

## 四、开平特色碉楼与周围景观介绍

### 1、铭石楼

位于开平市塘口镇的自力村，自然环境优美，水田、荷塘散落其间，与众多碉楼相映成趣。自力村有15座建于20世纪20—30年代的碉楼，如铭石楼、云幻楼、居安楼、叶生庐居、安庐、龙胜楼、振安楼等。碉楼风格各异、造型精美、内涵丰富（图6-42）。其中铭石楼被誉为自力村保存最完好和外观最豪华的碉楼。

铭石楼

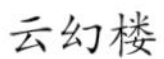

云幻楼

居安楼

叶生庐居

图6-42

安庐

龙胜楼

振安楼

续图 6-42 自力村各式碉楼

## ● 建造的历史背景

19 世纪末，华侨纷纷回国在家乡买地建屋。铭石楼楼主方润文早年在美国谋生，后来以“其昌隆”杂货铺发家致富。积累了一定财富后，方润文和许多开平华侨一样，选择了衣锦还乡。集居住与防御功能于一身，造型美观的居楼成为他们建房的理想选择。铭石楼的主楼为钢筋混凝土结构，而当时我国还没有采用钢筋水泥这些建房材料，铭石楼的钢筋水泥全部依赖进口，可以想象当时铭石楼整体的建造费用很高。据碉楼代管人方伟达先生介绍，他保留的账本中记录了铭石楼建造期间的开支，上面写有“民国十四年十月进料、民国十六年十月入伙择日费”等开支记录，铭石楼的造价花费了 10 多万银元。

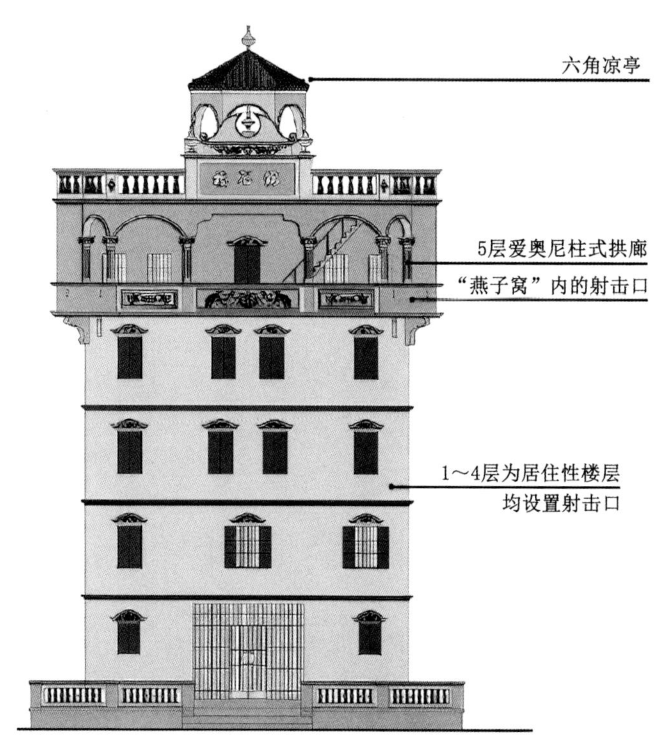


图 6-43 铭石楼主楼立面

## ● 建筑布局及特点

**裙式碉楼布局** 铭石楼集防御、居住功能为一体，是早期居住型碉楼建筑的代表。铭石楼由主楼、副楼和庭院组成，占地面积 600m$^2$，楼宇与院落自成一体，成为裙式碉楼。铭石楼主楼为钢筋混凝土结构，坐西北向东南，高五层。首层为厅房，2~4 层为居室，第五层为祭祖场所和柱廊、四角悬挑塔楼，设有燕子窝，楼顶平台正中有一中西合璧的六角攒尖琉璃瓦凉亭（图 6-43）。副楼主要功能是厨房和存放工具。

**楼身立面简洁　重在防御**　铭石楼 1~4 层为楼身部分。楼身基本上没有太多的装饰，装饰重点在窗楣和窗两侧，作西洋式的线脚处理（图 6-44）。出于防御功能的考虑，在大门口装有铁栅门，每层设有窗户，开窗面积较小。窗外设有铁栅和窗扇，外设铁板窗门，铁窗旁放置了防御用的绳索（图 6-45、图 6-46）。

图 6-44　立面简洁的楼身

图 6-45　铁窗旁放置防御的绳索和铁栅大门

图 6-46　窗户的构造

图 6-47　塔楼上部建筑富丽堂皇

**塔楼上部建筑造型的异域特色**

第五层建筑前部设计了宽敞的柱廊，采用 8 根爱奥尼式柱，楼顶平台四周由异形的罗马栏杆围合而成（图 6-47~ 图 6-49）。正立面正中是巴洛克曲线样式的山花，下面则为“铭石楼”匾额。顶部有一由爱奥尼立柱托起的中式琉璃顶的亭子（图 6-50~ 图 6-51）。中西结合的建筑形式让铭石楼在保留本土特质的基础上，既展现出不同的异域风情，焕发出一种独特的艺术魅力，又与楼身立面简洁的装饰差异鲜明。

图 6-48
爱奥尼柱式柱廊

图 6-49
异形的罗马栏杆

图 6-50
巴洛克曲线山花背部

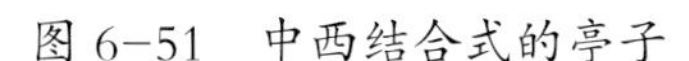

图 6-51　中西结合式的亭子

● **室内布局陈设及装饰特点**

铭石楼的主人方润文先生常年旅居在外，受西方文化影响深远，但内心却依然传统而保守。这种复杂和矛盾的心理体现在铭石楼的建筑外观及室内陈设上，中西合璧的华丽装饰也成为铭石楼的标志。楼内的平面布局以传统的三间两廊式为基础，在空间序列上以西方的实用主义为主。中西结合的格局反映了主人在价值取向上备受西方文化及生活方式影响的现象。室内布置也根据功能区域及主人的喜好进行不同程度的装修与陈设（图 6-52）。

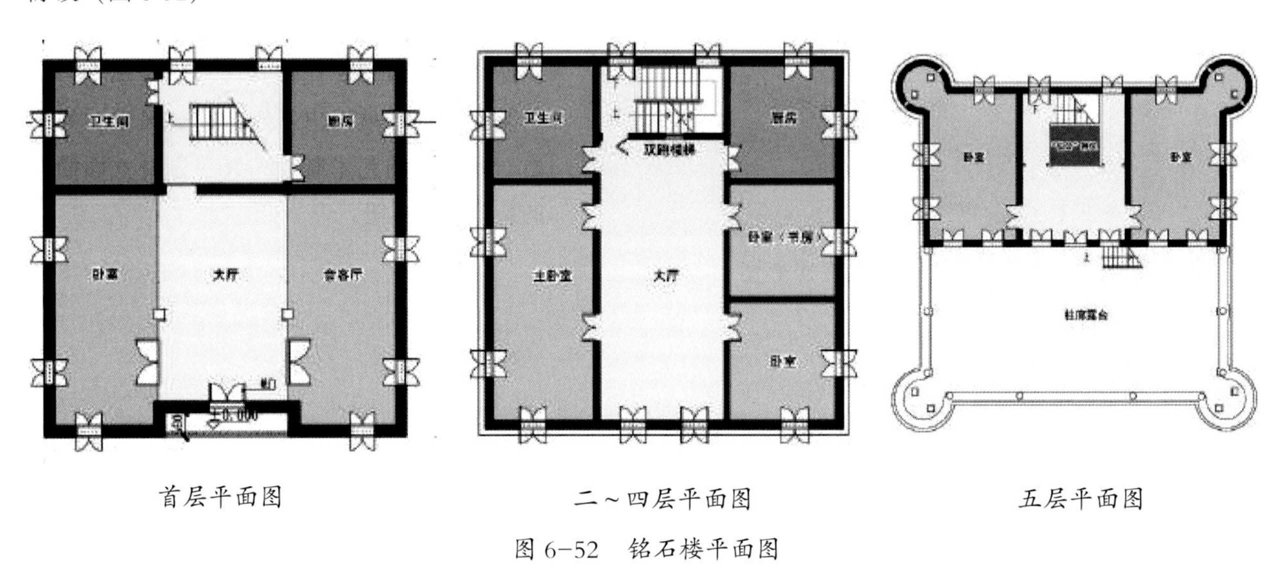


首层平面图　　　　二～四层平面图　　　　五层平面图

图 6-52　铭石楼平面图

● **华丽典雅的厅堂**。自古以来，中国人以能居高堂敞屋为荣耀和理想，即所谓“堂之制，宜宏敞精丽”。铭石楼内所有的厅堂都是楼内陈设最精致、气氛最典雅的空间。传统的广式厅堂都讲究陈设的对称与均衡。铭石楼一楼的厅室装修区别于传统形式，既精美儒雅又灵动多变。在保持厅堂沿中轴线对称布置的基础上，对其家具及工艺品的陈设进行灵活应用，既适宜环境又方便居者使用。厅堂正中悬挂主人及三房太太的人物相框，两边的木格扇墙边对称摆放着做工讲究的家具，同样式而不同类型的坐具产生了不同的视觉对比（图 6-53）。彩绘图纹及镶嵌波纹彩色玻璃的木隔扇对对称的房间进行了空间分割（图 6-54）。全套的酸枝雕花家具上又嵌拼着西方的珐琅瓷画，透露出浓厚的中西合璧风格。旁边的德国落地钟更是显示出主人家庭的富足（图 6-55）。

图 6-53　一楼大厅布局及陈设

图 6-54　镶嵌波纹彩色玻璃的木隔扇

图 6-55　家具落地钟

● **讲究美与实用结合的卧室陈设。**二至四楼均为卧室，现室内总体还是保持主人生前的居室环境，布置以中式家具为主，间或几张西式桌椅，散发着雅致生活的气息（图6-56）。在入住铭石楼时，方润文先生把楼内精心布置了一番，并摆上不少舶来的家具、法国的纯银茶具和香水、日本的彩描金瓷首饰盒等（图6-57）。特别吸引眼球的是三楼客厅里一朵怒放喇叭花似的老古董意人利留声机，据说现在放上唱片还能播放出悠扬的音乐。1953年方家后人举家乔迁，半个世纪以来，铭石楼的大门紧闭不开才得以保存室内陈设的原始模样。

图6-56　室内摆设的家具

图6-57　摆设的舶来物品

● 令人陶醉的室外景观特色

铭石楼屹立于绿草和田野之中，院内种有多株凤凰木，“叶如飞凰之羽，花若丹凤之冠”。每逢夏季，凤凰木繁花怒放，与铭石楼互相映衬，似在诉说着楼主凄美的人生故事（图 6-58~ 图 6-59）。

图 6-58　凤凰木与铭石楼互相映衬

图 6-59　铭石楼外醉美的田园景色

铭石楼屋顶平台是最佳的观景点。站在屋顶平台向外眺望，俯瞰四周，最美的风景呈现在眼前。一座座精美的碉楼，错落有致地分布在荷塘与稻田间。这幅宏观的碉楼田园画卷真的令人陶醉和感叹（图 6-60）。

图 6-60　从铭石楼屋顶平台眺望优美的风景

## 2、立园

### ● 建园历史背景

华侨园林是海外华侨回乡修建的私家园林。由于他们长居海外，受西方的意识文化感染，他们所建的园林与中国的传统私家园林相比，有着不一样的景象。立园位于开平市塘口镇赓华村，是华侨谢氏家族的宅园，名字取自园主人的名字谢维立的“立”字（图 6-61）。旅美华侨谢维立先生于 20 世纪 20 年代回乡兴建，历时十年，于 1936 年初步建成。1999 年，谢维立的三夫人谢余瑶琼女士在美国书面委托开平市政府无偿代管 50 年。此后，政府将立园修葺一新后向公众开放，成为展现当地居住文化和园林文化的旅游点。

图 6–61　立园及所在的赓华村

## ● 整体规划布局及特点

立园是开平华侨园林中一颗熠熠生辉的明珠，也是中国较为完整的中西结合的名园之一，集传统园林、岭南水乡和西方建筑风格于一体。立园规划强调主轴线，注重对称式布局。中轴对称的几何形平面构图以及中西方结合的建筑造型，将中国园林的韵味与欧美建筑的西洋情调巧妙地糅合在一起（图 6-62）。

立园占地约 1.1hm$^2$，大体可分为三部分：别墅区、大花园区、小花园区。这三个区用人工河或围墙分隔，桥、亭或通天回廊又将三个区巧妙地连成一体，使人感到园中有园，景中有景，亭台楼榭，布局幽雅，独具匠心，令人有巧夺天工之感（图 6-63、图 6-64）。

图 6-62　立园中轴对称几何形平面构图

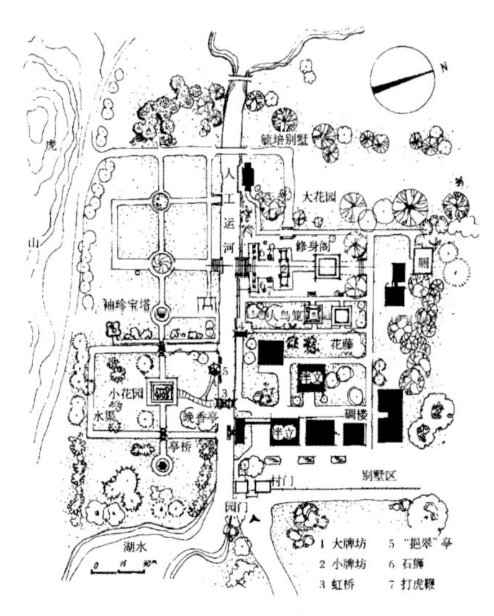


图 6-63　立园平面布局示意图

图 6-64　立园鸟瞰实景图

## ● 园区的建筑风格及装饰

从立园东门入口进入别墅区，这里坐落着 6 座别墅（泮立楼、炯庐、明庐、稳庐、泮文楼、毓培别墅）和 1 座碉楼（乐天楼），是园主家族饮食起居的主要场所（图 6-65~ 图 6-66）。园中泮立和泮文两座别墅最为富丽堂皇，楼身为西方古典建筑式样，楼顶却是庑殿顶，两者相融合，呈现出十分奇特的建筑艺术之美。临水而建的毓培别墅虽然小巧玲珑，却别有风情。

图 6-65　立园东门入口

图 6-66　别墅区建筑群

图 6-68　中式屋脊及牌匾

**洋立楼**　是六座别墅中最具代表性的建筑。楼名由园主谢维立先生取其父谢圣泮及自己的名字联珠而成，是他及四位太太生活起居的场所。

**融合中西艺术风格的建筑造型**　泮立楼楼高三层半，外部黄墙绿瓦，屋顶为中国古式琉璃瓦重檐顶，绿色的琉璃瓦、壮观的龙脊、飘逸的檐角、栩栩如生的吻兽，别具中国殿堂古风（图 6-67、图 6-68）。欧美式阳台、窗户，古罗马式的艺术雕刻支柱以及表现丰富的拱券，又充满着西洋格调（图 6-69~ 图 6-71）。主楼与副楼用连廊巧妙地相连，方便人们日常出入，避免日晒雨淋（图 6-72）。

图 6-67　泮立楼

图 6-72　主、副楼间的连廊

图 6-69　伊斯兰风格拱券

图 6-70　欧美式阳台

图 6-71　欧美式窗户

**现代新潮的室内装修装饰**　园主在室内装修装饰上按照自己的喜好进行取舍，讲究在精神上追求中国传统，物质上利用当时西方先进的技术和材料的原则，中西合璧完美结合以应现代潮流。重檐式屋顶，盖上绿色琉璃瓦，巧妙地架空成实用的隔热层，非常适合岭南炎热气候（图 6-73）。除了楼顶有隔热层，园内还建有储水池，每层设有自来水管，安装了从美国进口的抽水泵，形成一套自来水供水系统，满足各楼层厨房、浴室和抽水马桶使用（图 6-74）。室内装饰以西式风格为主，十分雅致，如精致的欧式柱式及拱券，藻井天花几何图形的西式浮雕，图案精美、颜色鲜艳；天花板悬挂西洋古式灯饰（图 6-75~ 图 6-77）；图案精细、手工极好的石米水磨地板（图 6-78）；楼梯采用进口意大利彩石，扶手掺入贝壳白色碎片，闪闪发光，晚上还可以反射月光，近百年过去了，仍然色彩鲜亮（图 6-79~ 图 6-80）。室内墙壁装饰有大量的彩色壁画、浮雕和木雕，主题内容是中国古代八仙过海、西游记、三国演义的故事等（图 6-81）。以六国大封相人物故事为题的涂金木雕，塑造人物逼真，栩栩如生，木雕刻工艺精湛（图 6-82）。

图 6-73　楼顶隔热层

图 6-74　自来水供应系统

图 6-75　室内欧式装饰风格

图 6-76　藻井天花图案

图 6-77　灯具与天花图案完美结合

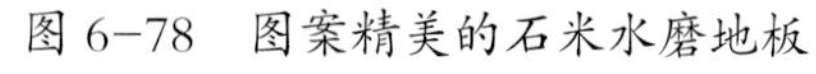

图 6-78　图案精美的石米水磨地板

图 6-79　西式造型楼梯

图 6-80　色彩鲜亮的意大利彩石楼梯

图 6-81　中式题材壁画

图 6-82　六国大封相涂金木雕画

**奢华现代且实用的室内陈设**　厅堂和卧室摆设着雅致的中式红木酸枝家具，既古色古香，又把屋内烘托得高雅精致（图 6-83）。各层厅堂设置了取暖用的西式壁炉，让建筑室内洋溢着西洋氛围（图 6-84）。中西样式结合的厨房布局紧凑实用，水磨石的台面平坦光滑，边缘线条优美亮丽（图 6-85）。洗手间里配有的金属龙头、抽水马桶、浴缸水箱等，均由园主从国外购置，与当代通用的差异不大。室内还布置有从美国进口的文化、生活用品，如照相机、电风扇、暖水瓶、留声机、挂钟、台灯等（图 6-86）。房间内部还保留当时的席梦思弹簧床垫、藤席、保险柜，以及早期华人前往美国淘金后返乡所带的“金山箱”（即用作储存或运送货物的大木箱）（图 6-87）。

图 6-83　中式酸枝家具

图 6-84　西式壁炉

图 6-85　中西结合的厨房

图 6-87　屋室的陈设

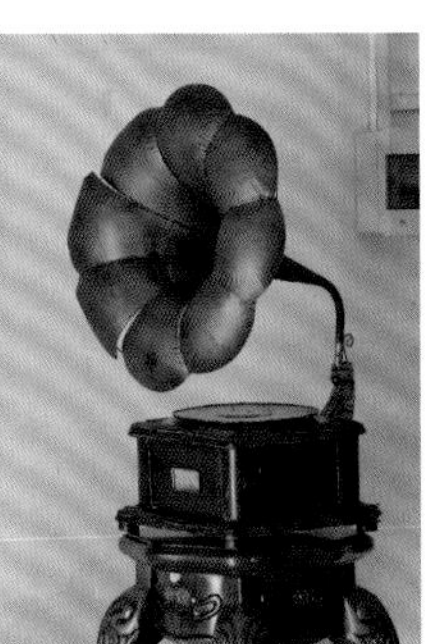

图 6-86　外来的文化和生活用品

图 6-88　依山临水而建的毓培别墅

图 6-89　毓培别墅正面观

**毓培别墅**　位于大花园的西南角，是园主为纪念二夫人谭玉英所建，并以她的乳名毓培而命名。该楼占地面积仅 64m$^2$，造型奇特，建造手法十分考究，融合了多国的装饰风格，小巧玲珑，别有风情，堪称立园的点睛之作。毓培别墅依山形、地形而建，设计非常巧妙（图 6-88）。建筑从正面看像是两层半，侧面看又是三层半，而其中实际为四层（图 6-89）。建筑设计构思别出心裁，在架构、装潢、文化等方面一层一种形式，有中国古典式、日本寝室、意大利藏式、罗马宫式……如外墙、门、窗、柱等为意大利藏式或罗马宫式建筑，而楼顶却是中国重檐式，中西合璧，天衣无缝。室内古典家具琳琅满目，保存完好，楼梯小巧而精致（图 6-90~图 6-91）。水磨石地板的图案经过精心选用，巧妙地将四个红心连在一起，构成的圆形图案独具爱心，代表了园主对四位夫人心心相印的情怀（图 6-92）。

图 6-90　室内生活设施及陈设

图 6-91　弧形楼梯

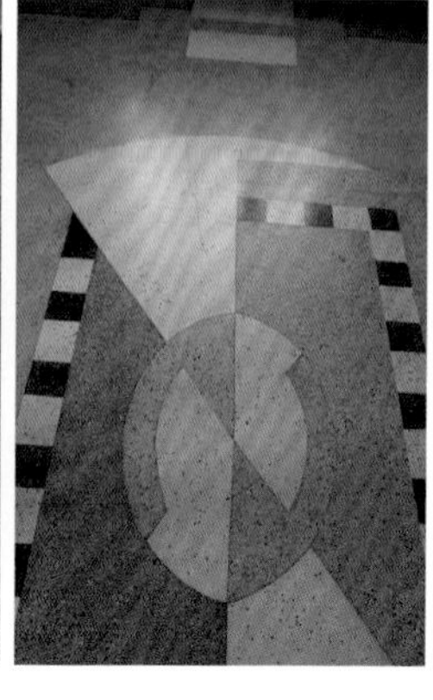

图 6-92　“心”形图案水磨石地板

**大花园区**　大花园区与别墅区西面相邻，主要以立园大牌坊和修身立本大牌楼为轴心进行布局。园中古木参天、曲径通幽，有中式牌坊、牌楼及西式的鸟巢鸟笼，还有中国特色的打虎鞭，构成了大花园区中西结合，不拘一格的园林风格（图 6-93）。

图 6–93　郁郁葱葱的大花园区

**鸟巢和花藤亭**　这两组建筑并排设置，是大花园区最具特色的园林建筑。鸟巢的形式模仿古罗马城堡，通体只有钢筋混凝土骨架，平面呈“井”形，四角向外突出，建筑上部四角和中心处设置罗马式小穹顶，其寓意为中国传统文化的五子登科（图 6-94）。建筑中段上部采用中国民间剪纸艺术素材做成通花窗，形象新颖别致（图 6-95）。鸟巢饲养百鸟，成为雀鸟的天堂，也增添了生活的情趣。鸟巢旁边的花藤亭为矩形平面，屋顶仿金冠形式，建筑四周和穹隆顶盖做成镂空形状。阳光射进亭内形成的网状阴影效果非常梦幻（图 6-96）。花藤亭与鸟巢相映衬，采用西方建筑文化形式表达鸟语花香、花开富贵的中式寓意。在亭内休憩，拂着柔柔的轻风，透着七彩的光影，欣赏莺歌燕舞，令人倍感安逸（图 6-97）。

图 6–94　高空俯视下的鸟巢

图 6–95　古罗马城堡造型的鸟巢
图 6–96　花藤亭外观
图 6–97　鸟巢和花藤亭航拍图

**打虎鞭**　立园大牌坊左右矗立着一对打虎鞭。相传，这是园主人特地从德国订制回来的钢铁质杆。钢铁质的杆高达20m，水泥底座上刻有精美的西式浮花（图6-98、图6-99）。风水杆向着虎山巍然矗立，意在镇住老虎的淫威。

图6-98　打虎鞭

图6-99　西式打虎鞭水泥浮花底座

**小花园区**　小花园区在别墅区和大花园区的南面，隔着人工河而建（图6-100、图6-101）。小花园构图别致，“兀”形运河分隔，玩水、观澜两座桥亭，依运河而建的挹翠亭与园中所栽的岭南果树相映成趣，自然而朴素（图6-102~图6-103）。

图6-100　小花园区局部鸟瞰

图6-101　小花园入口牌楼

图6-102　玩水桥亭

图 6-103　依运河而建的挹翠亭

别墅区与小花园之间建跨虹桥连接。桥上建有一座亭，高两层，顶部是黄绿相间的琉璃瓦，名为 晚（晓）香亭 。亭名字的由来也十分有趣。据说书法家吴道镕将“晚”字书写成既可读“晚”又可读“晓”的字样，一字两用，让人难辨，但意境各异。而在亭顶的东西两侧各塑有罗马钟一个，分别代表晓、晚时分；亭四边设有飘台，人们可从不同的角度观赏园景，早晚都有花香盈室，意景相融。所以，早上旭日东升时此亭名为晓香亭，夕阳西下时便又称为晚香亭（图 6-104）。

图 6-104　晚香亭

### ● 造园理念凸显华侨时代思想

**立意深受中国儒家思想的影响**　虽然园主谢维立长期漂泊海外，但他受中国儒家思想影响至深，骨子里依然传统。立园以人名作园名，包含了“立树立人”的深层含意。园中主人建园的思想和修身处世的哲学思想在园内的牌坊、亭和门等多处题刻的对联中充分体现。立园靠河岸的牌坊，原为立园正中门户，正对虎山，通溪梯级，湖光山色，蔚为壮观。牌坊长联“立身在山水之间此地后耸罗汉前绕潭溪四望蔚奇观倦堪容膝，园境离尘氛以外尔时春挹翠亭雅栽宝树一方留纪念舒洽娱情”。这对联写景融情，概述了立园的地理位置，表达了园主建园的深远立意。园主在本立道生重檐式牌楼上刻上八副颂扬中华民族道德观念和传统美德的对联：“本是共乐精神关怀桑梓培植芝兰园林因之而立，道为同荣气象栽种竹梅灌溉桃李亭荫藉此而生”，横批分别为“立身处世”和“修己立人”（图 6-105）。这反映了园主人希望在为人处世上追求传统思想的“本源”和顺应“道”，建园带有关怀乡亲、与之“同乐”“共荣”的思想。园中其他对联里也提到“本”“道”“修己”“立世”“立德”“立功”“立言”等，可见园主人深受儒家思想的影响，并且十分注重家族的群体观念。

图 6-105　本立道生牌楼

图 6-106　中西式结合的立园景观

**相互融通和谐的中西造园观念。**立园应用了中西造园观念，既有西方的几何形式，又追求中国园林崇尚自然的造园宗旨。立园选址在山边，近有虎山，远有罗汉山，借景自然，又凿河取水，这是中国传统园林造园理念的表现。总体景观布局则更偏重西方园林的轴线对称观念，按照几何分割形式来分隔园内的各个景点，没有幽深曲折的小径，取而代之的是笔直且宽阔的道路（图 6-106）。大小花园区之间的河道与茂密的花草树木相互映衬，具有浓厚的中国园林韵味。

**造园手法兼收并蓄、博采众长。**立园的造园手法不拘于传统，不受制于洋法，兼收并蓄、博采众长。据说，园主曾带着一班工匠走遍北京、苏州、杭州等地，兼收并蓄中国古典园林建筑特色，借鉴日本建筑的精华，大胆吸收欧美别墅情调。总体规划开放性，单体建筑具有严密性和防范性，体现了园主与众乡亲同乐又联防匪寇的思想。在充分利用本土材料和技术资源的同时，又大量采用当时最新的技术和材料，如混凝土、钢材、铸铁、现浇与预制构件技术等。园区结构合理、表现力强、难度大，近百年后的今天依然没有落后，质量完好（图 6-107）。

图 6-107　保存完好的钢筋混凝土镂空构件

## 五、开平碉楼与村落的修缮和保护

开平碉楼是广东省、中国乃至全世界的文化瑰宝。申遗成功后，最重要的工作是将世界遗产保护好，让子孙后代都享有这份珍贵的文化遗产。

目前登记在册的 1833 座碉楼，除自力村、马降龙、锦江里等核心区内少数几座修缮过的碉楼保存较好外，其余碉楼普遍存在较为严重的损坏问题，亟待抢修。为此，政府做了大量的工作，投入资金对四个保护区的碉楼进行保护维修，整治、改造和拆迁周边不协调的建筑，整治村落环境。笔者所在的广州市园林建设有限公司于 2011 年 11 月受开平文物局委托，承担开平碉楼与村落维修整治项目，对分布在开平蚬冈镇、赤坎镇、塘口镇等 23 个自然村中的 75 座碉楼进行维修与防雷工程施工。2012 年 5 月，该工程项目顺利完成。项目开始之初，通过对需实施修缮的碉楼建筑各种残损病害进行现状分析研究，分析其成因、损坏程度及对本体的危害等，根据其损坏的原因、程度，制定相应的施工技术，并在每一个单项修缮实施中不断调整补充完善，从而达到预期的修缮效果。

### 1、碉楼现状损坏情况调研分析

根据五邑大学土木建筑学院（项目设计单位）于 2011 年 6 月对 75 座碉楼所测定的结果，碉楼现状损坏大致分为以下几种情况。

**结构性隐患**　大部分碉楼在楼面、天花、内外墙身、屋面、栏杆等部分均存在不同级别的裂缝；部分碉楼的部分楼层天花存在抹灰脱落、钢筋外露等问题。部分碉楼的屋面存在 I、II 级裂缝，破坏了屋面的防水层，导致雨水透过裂缝渗透至屋内。同时，渗入楼板的雨水加快了屋面钢筋的锈蚀过程（图 6-108）。

图 6–108　房屋结构性隐患

**门窗和栏杆等构件缺失、损坏**　绝大部分碉楼的铁窗扇、铁门缺失。遮挡性的铁窗没了，雨水容易进入碉楼内部，因而对建筑产生较大影响。同时，由于窗扇缺失，窗洞随意采用铁皮、塑料、木板等各种材料封堵，遗产地及其缓冲区建筑风格受到较大影响，严重影响观赏效果。另一方面，部分建筑或楼层存在原有木门窗、楼梯、扶手缺失或损坏等问题（图 6-109）。

图 6–109　缺失、损坏的门窗和栏杆等构件

图 6-109 缺失、损坏的门窗和栏杆等构件

**附生植物对建筑外立面及屋面产生破坏** 部分碉楼的屋面、外立面、阳台栏杆附生大量植物（榕树）。植物根系沿结构裂缝深入墙体内部，部分甚至穿透外墙及楼板，对建筑产生很大的破坏。另外，部分附生于外立面的植物，由于树冠根系发达，很大程度上增加了外墙面的荷载，影响到建筑外墙的稳定性（图 6-110）。

**地基发生沉降** 部分碉楼存在地基不均匀沉降现象，从而可能会引起楼体倾斜或使建筑的结构出现大跨度裂缝等严重问题（图 6-111）。

**其他问题** ①建筑木构件均存在腐朽情况，需进行防蛀、防腐、防火处理；②建筑铁构件均存在锈蚀情况，需进行除锈、防锈处理；③建筑门楣、窗楣、饰线等装饰构件均存在不同程度的损坏（图 6-112）。

图 6-110 建筑外立面及屋面的附生植物

图 6-111 由地基发生沉降引发破损的房屋

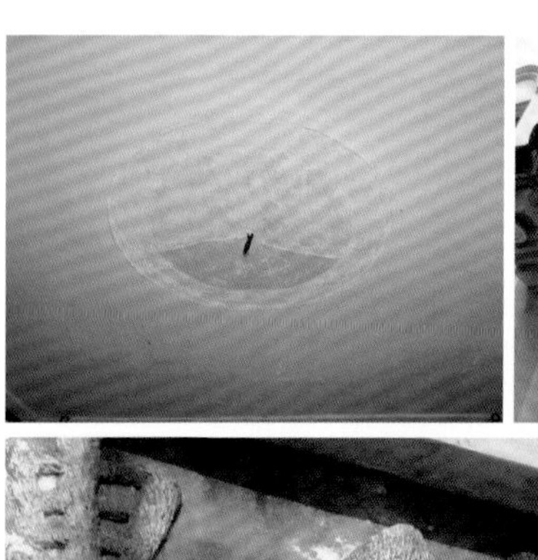

图 6-112 损坏的装饰构件

## 2、具体修缮及保护技术措施

修缮工程遵守《中华人民共和国文物保护法》规定的“不改变文物原状”原则，根据设计单位和专家就75座碉楼现状损坏情况所提出的修缮技术方案，确定的主要工作包括：进行建筑物防渗补漏，楼板裂缝补强加固；对缺失的建筑构件按原样式复原；对所有铁构件进行除锈、防锈处理；对所有木构件进行防腐处理等。同时，项目保护修缮工作还包括防雷设施安装工程。主要的技术措施如下。

**裂缝及钢筋外露修缮措施**。根据不同的裂缝等级采用不同的修缮工法：①裂缝小于0.6mm的Ⅰ级裂缝，采用压力注入填充弹性环氧砂浆法；②裂缝在0.6~10mm的Ⅱ级裂缝，采用环氧砂浆灌缝修补；③裂缝大于10mm的Ⅲ级裂缝，采用环氧聚合物砂浆修补；④对钢筋外露部分采用RS工法修复加固。

**屋面渗水修缮措施**。碉楼建筑单体屋面渗水多由裂缝引起，因此处理时先按上述技术对楼面裂缝进行修补，完成后屋面重做防水层。具体做法是在屋面上刷基层处理剂，再涂刷合成高分子防水涂膜2mm，上铺250mm×250mm×250mm方砖。

**瓦屋面的修缮措施**。①瓦面：小心卸下全部瓦件，剔除坏瓦，洗净后保留完好瓦件，不足数量的瓦件按原尺寸重新烧制。重新装瓦时，可将新瓦及旧瓦分开集中安放。瓦面按底瓦、对瓦或半瓦铺，铺前浸白灰水，面瓦叠七露三（整瓦）重铺。瓦片使用原来的陶瓦片，草筋灰辘筒瓦面（含乌烟灰饰面）。隔桁安装锻打铁瓦�，屋脊及檐口用1.0mm紫铜线拉结瓦件；屋顶与屋脊交接处外加1.5mm厚铅皮防水。②桷板、飞子：更换损坏严重的桷板、飞子，桷板按现存样式、尺寸，用同种木料重新制安；桷板面（与瓦片相接处）涂沥青防腐，桷板顶面毛面，其余三面光面，统一喷CCA防白蚁药两遍后，刷熟桐油两道防腐，入墙部分涂热沥青做防水、防腐处理。③桁条、梁架：木梁架、木桁条的修缮主要是采用整体更换或剔补加固法。新木梁整体刷CCA防白蚁药两遍，刷桐油防腐两遍，入墙部分涂热沥青防潮并重新安装。经检查，木梁虽有腐烂但尚满足承载力要求，采用剔补法修补加固。孔洞大的部位用整块木料填补，新旧木料用燕尾榫拼接；小孔洞用桐油灰加木碎填补。修补后，表面整体做防白蚁与防腐处理。

**铁、木门窗、楼梯、扶手损坏修缮措施**。①铁门窗：按照碉楼原有样式，铁门、铁窗、防盗铁枝用3mm厚铁板重做所有缺失铁窗，5mm厚铁板重做铁门，所有铁构件涂红丹防锈后重刷黑漆一底二面；②木门窗：按碉楼原有样式补齐所有木门，均采用坤甸木，原有木门均手工除漆后整体喷CCA防白蚁药2遍防白蚁，再涂熟桐油2遍防腐，面涂透明阻燃漆，入墙部分刷热沥青防腐；③楼梯、扶手丢失或损坏：参照本楼梯样式修复腐朽梯段栏杆扶手及立杆，采用坤甸木。

**装饰部位的修缮**。灰塑的修缮措施：灰塑多在碉楼建筑门楣、窗楣、墙檐及山花等位置。灰塑制作过程颇为复杂，所以每次具体实施前，其修缮工序都经过细致考究才确定。①灰塑清洗：用清水将灰塑淋透24小时后，用竹签、软毛扫把、牙刷、油画笔等工具，将附在灰塑表面的污垢、青苔等污染物清洗干净。②清除松脱灰塑：用棉毯将灰塑包好固定，再用清水灌注，使灰塑内部有足够的水分，再清除松脱灰塑。③灰塑加固：对原拉结铁丝、铁钉锈蚀较严重部位和出现松动的灰塑，使用紫铜丝和不锈钢钉进行加固。加固工艺需保证原灰塑不受损害，保持文物的原貌，所有的物料不得外露。④灰塑修补：修补材料采用由传统材料和工艺制作的草筋灰和纸筋灰。灰塑面层修补或塑造是灰塑施工中最重要的工艺技能，在修补完草筋灰后须隔48小时才用纸筋灰塑型，避免有收缩裂纹，复原灰塑原有的大小、形状和动态艺术效果。⑤灰塑补色灰：由于石灰是白色，所以传统工艺是在石灰上加颜料去塑造相应的色调，用纸筋修补后，用颜料拌纸筋灰进行一次色灰塑面的工作。要求每一个灰塑所用的色灰都与原底色一致，因此每件灰塑的色灰都要小心调配使用。⑥灰塑上彩：灰塑上彩需根据原色调，按照片提供的色样由浅入深进行上彩，使用浸泡石灰发酵后的净水调配颜料，所用的颜料用石灰水稀释使用。⑦灰塑的保护期：在维修灰塑时要保证修补、加固部位的牢固性。施工完成后一周内不得有雨水侵入，在天气晴朗时亦要使水分充分蒸发，所以晴天时需要每天打开覆盖面，下雨与晚上时将灰塑覆盖好，以使灰塑得到更好的保养。

西式饰线的修缮措施：①清理破损部位的杂物和沙尘，用清水浸湿破损部位表面；②用水泥砂浆修补破损部位，用小灰刀、木条等工具塑出大致轮廓；③按照原线条形状，用草筋灰塑形，草筋灰中适当调色，与旧饰线色调协调。

### 3、修缮完成后的效果

在各方的大力支持和配合下，75 座碉楼修缮工程顺利完成，并达到了如期效果（图 6-113）。开平碉楼数量庞大，建筑单体修缮工作任重道远。为避免保护性破坏，我们还需要进一步研究更多科学有效的修缮技术和方法，在日后的实践中不断完善修缮工作。

居宽楼

坚安楼

英庐

女楼

均兴楼

图 6-113　修缮后的碉楼

# 第七章 开平风采堂

祠堂是族人的精神家园。作为广东民间保存最好的一种古建群体，祠堂留给后人许多珍贵的历史和文化研究价值。祠堂就像是历史教科书，阅览祠堂如同阅览一卷绵长的历史画轴。开平当地的祠堂颇有地方民俗文化特色，它蕴涵淳朴的传统内容和深厚的人文根基，同时又代表当时地方经济水平。从某种意义上说，祠堂文化的繁荣是这个历史时期社会经济的具体体现。祠堂是全族的公产，大多由族内各界人士募捐义赠，开平荻海风采堂就是由当时远离故土的华侨们义不容辞捐资修葺的宗祠。风采堂功能较为多元化，同时也是宗族集中办学教育培养后人的场所。

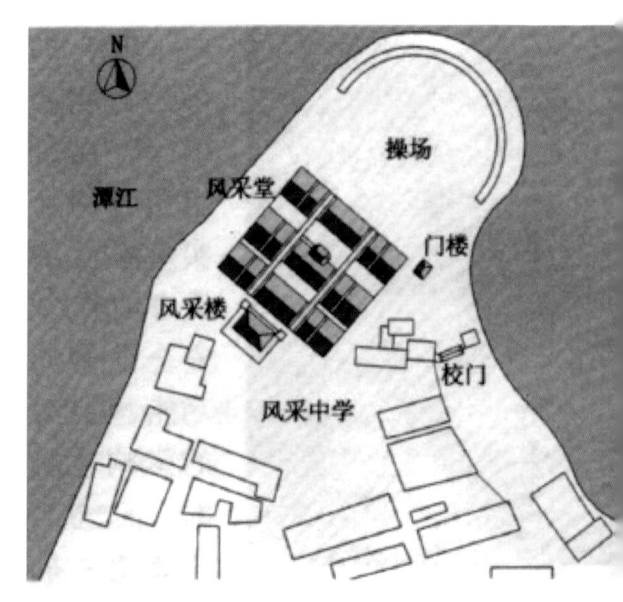

图 7-1 风采堂总平面示意图

风采堂又名名贤余忠襄公祠，位于开平三埠镇荻海茭荻咀。它是开平、台山两地余氏家族为了纪念他们的远祖北宋名臣忠襄公余靖而共同出资建造的，于光绪三十二年（1906 年）破土动工兴建。工程历时八年，到民国三年（1914 年）才完成。

余靖是广东曲江人，文武全才，精通经史，擅长于诗文，官拜工部尚书，为官耿直清廉，安邦定国，功垂后世。他在政治、外交、军事、文学、科学多方面都有所建树，宋仁宗曾为其御笔亲题：“风采第一，广南定乱，经略无双”。广东余氏都尊忠襄公余靖为先祖。余靖后裔从福建武溪迁入广东曲江。后人为纪念余靖，在曲江（现为广东省韶关市属县）建楼，取名风采楼。此后，海内外的余氏后代聚居地的余族堂会、社团和建筑，均以“风采”“武溪”命名，以纪念祖先的丰功伟绩，如美国有风采堂、武溪公所，加拿大有余风采堂，中国有武溪书院、风采堂等。

风采堂是五邑地区侨乡中西建筑文化交融的杰作，也是岭南地区祠堂建筑的杰出代表。它整体的结构形式既继承了中国古建的民族风格，又吸取了西洋建筑的艺术特色，结构严谨，瑰丽宏伟，在侨乡建筑里独具一格。风采堂曾遭重创，满目疮痍，近年由海内外余氏宗亲和开平市政府合力重修，才得以重现昔日风采，2019 年被列为全国重点文物保护单位。

图 7-2 风采堂布局高空俯视

图 7-3 入口门楼

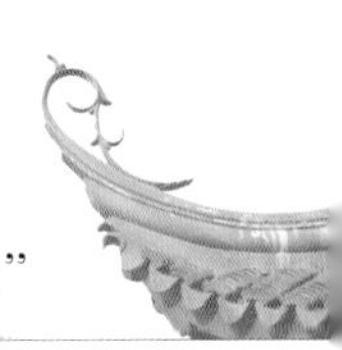

## 一、整体布局概况

风采堂总建筑面积5364m²，位于荻海埠茭荻咀，坐南朝北，三面环水。茭江与潭江在其北面汇合，形成一个半圆形广场。风采堂南门与新昌、荻海以陆路相连，而北门则接潭江水路。

由于风采堂的纪念性质，且“学校附焉，以伸考飨而兼寓作育之意”，风采堂的整体规划布局是中间为祠堂，东西两翼为学校，主体建筑为风采堂和风采楼，与前面的广场、环形围墙及门楼组成一个完整的建筑群（图7-1~图7-3）。门楼是中西结合式建筑，祠堂前75m×75m半圆加矩形的开阔广场，用于大型集会和学子习操游戏，广场周边有环形祠墙（图7-4）。垂直于广场东西轴线布置主体建筑——风采堂，再后是西式的风采楼（图7-5）。风采堂正面柱廊的柱间距离明间大、次间小，构图效果正面性强，中心突出，轴线清楚，立面开间呈递减的尺度变化规律（图7-6）。

图7-4 环形围墙

图7-5 主体建筑风采堂与风采楼

图7-6 风采堂正面俯视

## 二、风采堂的历史文物价值

### 1、选址考究景观视角独特

苍江和茭江在开平县三埠荻海交汇处。古时候这里芦苇、荻草丛生，所以乡民称为茭荻咀，后来为了防匪患，乡民在这里筑有炮台，故又名炮台咀。1928 年的地图可见，茭荻咀三面环水，是通向三邑（台山、恩平、新会）的咽喉要道（图 7-7）。从战略意义上说，它是三邑百姓安全和台山六都治安的边防要地。又因其筑有炮台和城墙，所以有着“六都锁钥”的美称。炮台和城墙由花岗石与青砖砌筑而成，厚达 1m 的城墙北面嵌有一块写有“六都锁钥”的刻石，这是历史的印记（图 7-8~ 图 7-10）。风采堂周边的环境与祠堂所要求的庄严、肃穆气氛很协调，成为三埠镇的标志。风采堂坐南朝北，三面环水，堂前为一片宽大开敞的空地，以烘托祠堂的高大雄伟。右边小山丘上有墨盒状建筑物，又意为聚财和才俊皆聚之地（图 7-11）。

图 7-7　三埠地图（图片来源于风采堂内文化展览）

图 7-8　斑驳的古城墙

图 7-9　古城墙上的炮台

图 7-10　六都锁钥刻石

图 7-11　三面环水的风采堂

风采堂东西向青云巷的拱门上有两副保存完好的石刻题额。由外面往南看，左为“修名”，右为“昭质”（图 7-12）；由里面往北看，左为“霞蔚”，右为“云蒸”（图 7-13）。“修名昭质”是修建祠堂的先辈对名贤祠在哲学方面的注脚，言简意赅，内涵博雅，哲理洋溢。“云蒸霞蔚”是修建祠堂的先辈对名贤祠的注脚。登上风采楼三楼观望，远近之山光水色尽览无遗，眼前的景象和对联“远望武溪云，更上一层，蹑足似跻韶石顶；近临荚海月，兼容万顷，荡胸如在曲江头。”的意境相融合，更能使人深刻理解“云蒸霞蔚”的含意（图 7-14）。

图 7-12　“修名”“昭质”石刻题额

图 7-13　“云蒸”“霞蔚”石刻题额

图 7-14　“云蒸霞蔚”景观

图 7-15　大门楹联

## 2、传承彰显宗族传统文化

祠堂是同姓血亲关系的延续纽带，蕴藏着一种质朴的精神动力，是传统地域性宗族文化的立体形态。风采堂建筑、布局、匾额、楹联等，注重强调尊祖、孝悌、诚信、友善、勤劳等道德风尚和族规家训。祠堂学校的信仰并不因中西合璧的风格而有所动摇，风采堂大门楹联“水襟三县，名冠四贤”（图 7-15），主殿楹联“风采动朝端名冠四贤瞻北斗，武溪平虏乱功留百粤耀南天”“国守世传隆英表章中和礼乐，绪振名扬昌其滋大显耀荣祥”等，都记录了其祖先余忠襄公的功绩，表达了余氏族人的文化自豪感（图 7-16）。祠堂文化让身在异乡的海内外宗亲记得住乡愁，是海内外宗亲扯不断的根，同时也让乡亲和所有后代子孙了解祠堂文化，以及当地历史文化。

图 7-16　主殿楹联

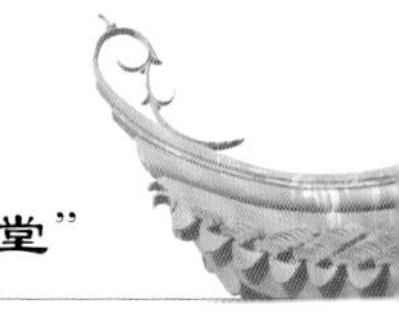

### 3、沿袭“祠校合一”的侨乡传统

开平素有“祠堂当学堂”的传统。清末民初华侨捐建的大家族祠堂，如溯源家塾、光裕堂、宝树堂等都用作学堂。建祠之初已有此设计，这也是族人为了年轻一代的良苦用心。这种做法把敬奉祖先和教育后代两种功能合二为一，最大限度地发挥了华侨所捐钱财的价值；同时，建筑空间得到最有效地使用，既能满足特殊日子里人们举行传统祭祀活动的需求，又能保证后代有正式的读书场所。

风采堂从建祠之初就被确定为祠校合一，中间为祠堂，东西两翼为学校。据《获海余忠襄公祠堂记》所记：清光绪 32 年即 1906 年正月，台开两地余族宗亲倡议在获海建立襄公祠堂，兼作校舍，附学于祠，以伸孝饗，兼寓教育英才之意。风采堂是五邑地区最早引进学校概念的宗祠，该祠堂也名为“风采学校”，民国二十九年（1940 年）改办成风采中学至今。风采堂意在显勋绩扬光烈，以高风励后人。余氏侨胞至今情系风采堂，祭祀和集会活动热闹非凡。风采堂办学近 80 年历劫不衰、学养深厚，具有良好的办学传统，人文荟萃、人才辈出。风采中学享誉海内外，环境优美，是学子潜修之好地方（图 7-17）。

图 7-17　现风采中学的画室场景

### 4、宗祠兼备中西建筑艺术特色

宗祠是乡土建筑的重要组成部分。西方建筑文化对开平乡土建筑的冲击，同时也涉及到了中国乡土建筑中传统的宗祠。开平宗祠建筑大胆吸收外来工艺文化，这在全国较为少见，其中最具有代表性的就是风采堂。虽然是传统宗祠，但开平余氏后人大部分为海外华侨或具有出洋的经历，洋风在传统建筑中落户生根。该宗祠结构形式既继承了本土民族风格，又吸取了西方建筑的艺术特色，开创了西方建筑文化融进传统宗祠的先河，具有划时代的意义（图 7-18）。

图 7-18　中西合璧的宗祠建筑

风采堂的总体布局在注重功能需要的基础上，追求紧凑集中，与20世纪初西方建筑流行的集中式平面极为相似。但平面构图的具体手法又反映了广东侨乡近代建筑兼容并蓄、会通中西的价值取向、意匠追求和个性特点。建筑细部也表现出明显的中西兼备的建筑风格，既有中国传统的石雕、木雕、砖雕、壁画，又有具有西方建筑特征的拱券、卷心石、宝瓶栏杆以及铸铁铁花装饰图案（图7-19）。整座建筑浑然一体，中西合璧，融汇多元建筑艺术，处处显示中华传统建筑的吉祥文化，美轮美奂。

图7-19　兼备中西建筑特色的细部装饰

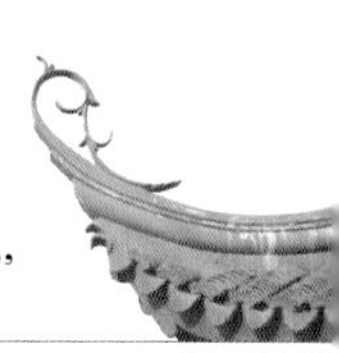

## 三、主体建筑特色

### 1、风采堂

#### ● 传统岭南祠堂的形制布局

风采堂采用中国传统建筑的中轴线对称布局，平面布局为岭南祠堂典型的三进三路制，共有三进十五厅六院，规模较为宏大（图7-20）。中间三进，两边贯以长廊，厅院之间以直巷相连。东西两翼跨巷而“缀斋于祠”，称为东斋、西斋，为西式二层书院建筑。整座建筑布局对称，结构严谨，且有鲜明的南方庭院特色，兼有亭台楼阁，自然秀丽，形成一个既独立又相连的大四合院（图7-21）。

图7-20　风采堂屋顶平面

图7-21　风采堂建筑布局

#### ● 中西结合的建筑艺术

**建筑立面造型兼具中西特色**　风采堂由我国的建筑工匠融汇运用中西方建筑风格和手法，参照西式建筑自行设计建造而成。主体建筑两侧以及左、右两斋的内山墙为硬山封火山墙，这种封火山墙为三层重叠式，共有十八列（图7-22）。规则式布置的十八列封火山墙边角为锐角，在透视效果上给人以翼角翘起，直指云霄的感觉，成为了风采堂建筑造型的最大亮点（图7-23）。东西两斋建筑采用西式格调，与中式主体建筑群连为一体。两翼的窗户从学校的功能出发，采用了大玻璃窗，打破了传统祠堂的封闭感（图7-24）。东西两斋和中殿用四座梯间有机地连接起来，梯间耸立于青云直巷之上，巷头筑以石壁拱门（图7-25、图7-26）。梯间的建筑造型及内部结构均采用西式，这种以飞阁形式相连的处理形式也是标新立异的。它既充当连接体，又类似于传统的过街楼，但用在狭长的直巷上并不多见（图7-27~图7-28）。

图7-22　十八列封火山墙

图 7-23　造型特别的封火山墙

图 7-24　东西斋设置大玻璃窗

图 7-25　巷头石壁拱门

图 7-26　巷头石壁拱门

图 7-27 梯间顶部建筑造型

图 7-28　梯间室内构造

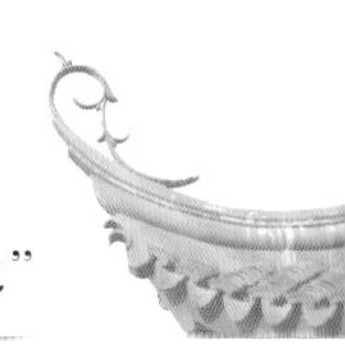

图 7–29　大门门匾

**中路建筑集中西风格为一体**　中路建筑是风采堂的重心所在，大门上方门匾“名贤余忠襄公祠”7 个石刻大字刚劲有力（图 7-29、图 7-30）。名贤余忠襄公祠采用中式封火墙硬山顶与西式科林斯柱式三跨拱券相结合的中西结合式作为承重结构（图 7-31）。庭院两边贯以爱奥尼柱式拱券的廊庑，大红灯笼高高挂起（图 7-32）。

位于主殿前的亭合理地使用室内设计的建筑平衡原理。这个半八角亭称为拜堂，采用四根铁艺柱式和拱形铁花挂落，具有浓郁的伊斯兰建筑神韵，而屋顶则是中式歇山顶，筒瓦琉璃檐口，屋脊上龙腾飞舞，秀丽夺目（图 7-33~ 图 7-35）。

图 7–30　祠堂大门

图 7-31　中西结合的承重结构形式

图 7-32　爱奥尼柱式拱券的廊庑

图 7-33　伊斯兰风格的风采堂

图 7-34　轻巧的铁艺柱子和铁花挂落

主殿的结构是传统的穿斗式木构架。主殿梁上雕刻有各种动物和人物，而承重构件则表现为明显的西式风格。檩条搁置在刻有精致卷纹浮雕的罗马拱券上，并以科林斯式的柱子承托拱券（图 7-36）。主殿的立柱与拜堂形成鲜明的对比，一根根粗壮的石柱与以中国民间题材为图案的木雕枋木结合，柱头为古罗马的混合式，檐托是有巴洛克建筑特征的内凹曲形，房顶为硬山式（图 7-37）。整个大堂洋溢着浓郁的西式建筑风情，而又随处可见中式建筑的烙印。

图 7-35　中式的拜堂屋顶

图 7-36　主殿

图 7-37　中西结合的穿斗式结构

**中西合壁的建筑装饰**　中西建筑艺术的交融在风采堂的细部得到充分的体现。风采堂的建筑构件如柱式、拱券、卷草、窗饰、铁艺等多用西式（图 7-38），细部装饰如石雕、砖雕、木雕、灰塑、陶塑、瓦顶琉璃等多采用精湛的传统工艺（图 7-39）。建筑装饰融汇多元艺术，又处处彰显中华传统建筑的吉祥文化。

风采堂中殿的屋顶为灰瓦，并以绿玻璃瓦作为剪边，屋脊刻有古松、仙鹤、桃花、山川、河流等灰雕。屋脊上以一对青龙为脊饰，龙能兴云降雨，具有保护建筑免遭火灾的寓意（图 7-40）。大门的形制同传统祠堂一致，仍是红漆大木门，但是在门口没有按传统摆放两个大石狮，只在前面的步级两边保留了两个微型的石狮子，以示象征（图 7-41）。门槛也比传统祠堂降低了，只有 30cm。

风采堂两条青云长巷的入口檐部也采用了中西结合的处理手法：顶部是西式山花处理，其上布满雕刻，并设有涡卷状的装饰物；稍下则是中国的琉璃瓦和中国风格的山水壁画；再下的匾额题字又加上了西式风格的细部装饰，起到了向西式的拱券门过渡的作用（图 7-42）。

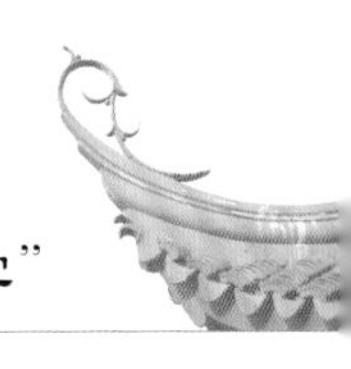

图 7-38　西式建筑构件

图 7-39　中式细部装饰

图 7-40　中殿的屋顶及屋脊装饰

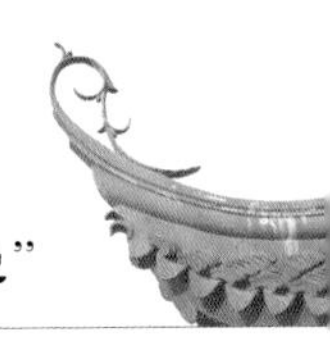

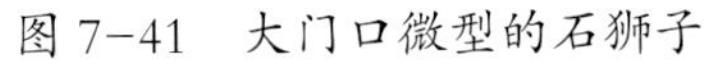

图 7-41　大门口微型的石狮子

图 7-42　青云长巷入口的装饰

## 2、风采楼

风采楼位于风采堂之后，是一栋 3 层混合结构的城堡式建筑，建筑面积 798m$^2$。风采楼比风采堂晚两年建成，主要是供回来敬祖祭祀的华侨聚会、休息，以及作陈列余襄公塑像之用。

### 民间近代西式建筑风格的珍品

“以五百金，雇西人鸳新绘式”，风采楼和风采堂在处理手法和艺术风格上不尽一致。与中西合璧的风采堂相比，风采楼是完全的西式风格，造型大气端庄，建筑比例协调，与风采堂形成鲜明对比，是开平近代乡土建筑中的珍品（图 7-43）。

风采楼高三层，正门是高大的科林斯柱式和山花，罗马拱券形的窗户高大而挺直。二层的护栏为西式的铸铁，精致而灵巧，墙体上刻有精细的卷纹浮雕。三层的四角各建有一角亭，两柱为一列，四列柱承托起拜占庭式的穹窿顶（图 7-44~ 图 7-47）。风采楼立面的处理手法融文艺复兴与巴洛克风格于一体，采用了塔司干双柱廊、新型方柱、圆弧状的廊道、连续的罗马拱券窗户、双重的山花、穹窿顶下四柱组合支撑、巴洛克的曲线装饰……（图 7-48~ 图 7-53）

图 7-43　风采楼外观

图 7-44 风采楼正面

图 7-45 科林斯柱式大门和山花

图 7-46 西式铁艺护栏

图 7-47 拜占庭式角亭

图 7-48 塔司干双柱廊

图 7-49 新型方柱

图 7-50 圆弧状的廊道

图 7-51 连续的罗马拱券窗户

图 7-52 巴洛克的曲线装饰

图 7-53 四柱组合支撑的穹窿顶

### ● 集中式的平面，追求黄金分割比

风采楼完全按照西方流行的建筑平面布置形式进行集中式的平面构图，各部分尺寸异常讲究，是科学和美学融为一体的产物。据颜紫燕著《广东开平风采堂》文稿介绍，风采楼的各部分尺度由设计者根据数学原理经过仔细推敲得出，多部分尺寸的比值都极接近“黄金分割比”0.618（图7-54、图7-55）。

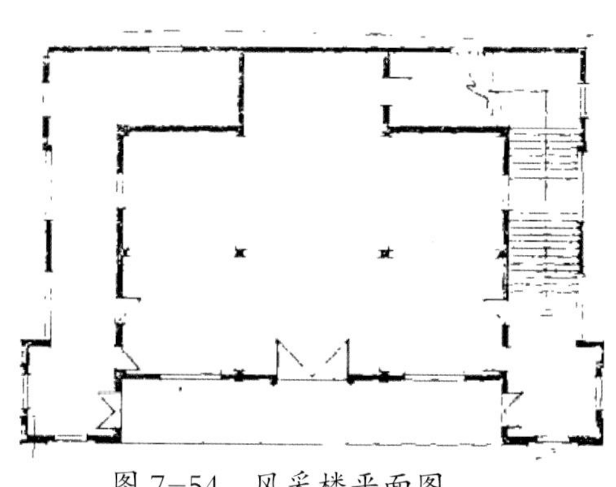

图7-54　风采楼平面图

图7-55　风采楼立面图

### 乡村工匠添加地带乡土建筑元素

由于从国外寄回的图纸并非最后的施工图，图纸交给开平工匠施工后，被改动的可能性很大，因此最后建成的建筑与国外寄回的原图会有区别。由西方建筑师设计而由乡村工匠建造的风采楼，就被承建工匠添加了一些乡土建筑元素。东立面顶部的山花并没有西式装饰，取而代之的是“风采楼”三个阴刻字，而且工匠别出心裁地在山花旁边用了两小段绿色的琉璃瓦小飘檐（图7-56）。灰瓦屋顶以绿玻璃瓦作为剪边，在屋脊上也添加了祥云图案的灰塑（图7-57）。

图7-56　顶部的山花

图7-57　灰瓦屋顶装饰

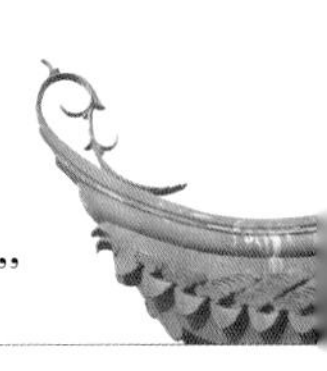



## 四、传统开平灰塑艺术的应用

风采堂装饰华丽，从堂、院、廊、厅、栏杆、梁、壁到屋脊都大量运用石雕、木雕、砖雕、灰雕等岭南传统建筑工艺，集岭南古建艺术之精华。其中最体现当地民俗建筑文化风情的是开平灰塑，它风格各异、工艺精湛且内涵丰富。

### 1、开平灰塑艺术概况

开平灰塑，又称为开平灰雕，始于清末，至今已有300多年的历史，最先出现在礼堂和庙宇的墙上。开平灰塑作为寓意吉祥的装饰物，体现了当地民俗的建筑文化风情。在20世纪20—30年代，随着华侨纷纷回国营造屋宇、建造碉楼，建筑的灰塑装饰艺术盛行。开平灰塑是当地乡村独特的民间艺术，被誉为开平民间建筑“桂冠上的明珠”，是广东省非物质文化遗产。开平灰塑因其具有独特的侨乡碉楼文化背景而与岭南其他地域的灰雕文化有所不同，其独特的美学价值对于研究当地侨乡建筑装饰工艺有很大的社会和文化价值。

### 2、开平灰塑工艺特征

开平灰塑以经过特别处理的石灰作为主要材料，用批刀作笔，经塑造和上色，将人物、雀鸟、虫鱼、瑞兽、山水、花木等造型贴雕于建筑外墙，从而形成具有立体浮雕效果的装饰物。根据形态不同，开平灰塑可以分为平雕和立雕两大类型。平雕工艺在山花与门楣、外墙装饰上普遍使用，制作工序相对简单（图7-58）。立雕工艺常用于塑造人物、动物、花鸟等形象（图7-59）。

图7–58　平雕

图7–59　立雕

## 3、风采堂的灰塑特色

风采堂灰塑装饰应用很多，图案丰富多样，风格各异，题材主要是花卉果木、吉祥文字图、山水、鸟兽及历史、神话题材故事等（图 7-60）。在中殿前后天井连廊上，有 10 幅不同人物题材的高浮雕，前天井东侧有“招财进宝”“孙吾献宝”“苏武牧羊”（图 7-61），西侧是“竹林七贤”“桃园结义”“福禄寿全”（图 7-62）；后天井东侧有“引福归堂”“三顾茅庐”（图 7-63），西侧是“簪花晋爵”“教子为贤”（图 7-64）。工匠们技艺高超，把人物塑造得生动形象、色彩鲜艳、立体感强，整个画面栩栩如生。

图 7-60　灰塑装饰

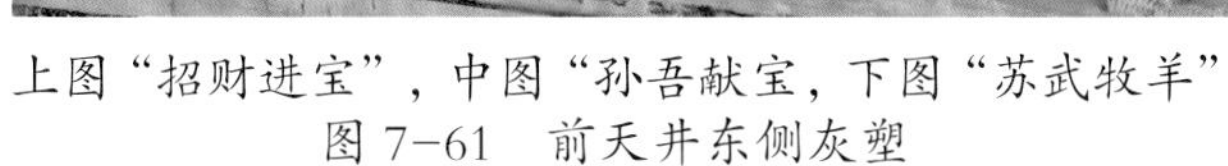

上图“招财进宝”，中图“孙吾献宝，下图“苏武牧羊”
图 7-61　前天井东侧灰塑

上图“竹林七贤，中图“桃园结义，下图“福禄寿全”
图 7-62　前天井西侧灰塑

左图“引福归堂，右图“三顾茅庐”
图 7-63 后天井东侧灰塑

左图“簪花晋爵，右图“教子为贤”
图 7-64　后天井西侧灰塑

风采堂西式图案的灰塑也随处可见。西式的纹样如莨苕叶纹、卷草纹、涡卷纹等多用在门楼、门楣、屋顶、窗套等位置（图 7-65）。灰塑形体轮廓清晰，整体形象突出，色彩相对简单，它的美感来源于有力的线条和外凸的轮廓所勾勒出的多层次立体形象。

图 7-65　西式图案的灰塑

图 7-65　西式图案的灰塑

灰雕的饰图大都追求“图必有意，意在吉祥”的境界，表达了人们对美好生活的向往和愿景，如山墙墙头的“蝠吊金钱”的灰塑画，在倒置蝙蝠前面装饰着一串铜钱，寓意福到眼前（图 7-66）。多幅构图不同的“喜鹊登梅”（图 7-67），喻意喜上眉梢，美好愿望不言而喻。

图 7-66　“蝠吊金钱”的灰塑画

图 7-67　“喜鹊登梅”灰塑

# 第八章 逆水流龟村堡

历史文化名镇广东省东莞市虎门，以林则徐销烟、威远炮台等知名历史事件和遗址而闻名。但是在虎门白沙村，一座距今数百年的古村堡——逆水流龟村堡，却鲜为人知。这座如世外桃源般宁静的古村堡，经过修复后重焕光彩，向大众揭开了神秘的面纱。

据《白沙志》记载，逆水流龟村堡（下简称龟村堡）由郑瑜修建于明崇祯末年，现已经有 380 多年历史。郑瑜是土生土长的虎门白沙人，曾经是明末的进士，官至太寺少卿，古时为正四品官位。他在辞官后回到家乡，为了抵御兵乱和保护族人，修建了这样一座如城池一般的龟村堡。因村堡周边全被水包围着，所以又名"水围村"，又因龟村堡建筑的布局如龟游在逆流之中而得"逆水流龟"之名。一潭碧绿如玉的溪水，不动声色地便将龟村堡与外界隔开，使之数百年来，宛如世外桃源般静谧地留存在虎门这片土地上。

随着虎门城市化进程的推进，龟村堡护城河四周逐渐高楼林立，不少郑家族人开始走出龟村堡。1993 年龟村堡被列为东莞市文物保护单位后，其居住功能开始淡化。龟村堡是广东省内保存较完整、具代表性、规模较大的典型明末清初村堡，是东莞历史发展体系中的重要组成部分。由于年久失修，堡内的部分房屋自然坍塌，破旧杂乱。2016 年开始，当地政府对整个龟村堡进行保护性修缮，主要是排除龟村堡内的险情，恢复部分建筑，美化龟村堡内的环境，从而恢复龟村堡的整体原貌。笔者参与了龟村堡保护修缮工作 , 在项目方案制定、技术措施落实过程中，反复与专家学者研讨、郑家族人交流，进一步理清了龟村堡的历史文脉、建筑特色和风格，以及其具有的历史文物价值，领略了它神秘而独特的魅力。这座具有岭南特色的龟村堡，建筑布局、防御体系、排水设计等构思精妙独特，每一处都在默默地诉说着虎门人的忠贞和智慧。

## 一、整体布局概况

龟村堡坐东北朝西南，是一座方形的广府围村，通面阔、进深均为 83m，占地 6889m$^2$。龟村堡正门前面是一道水泥桥，以前为木吊桥，这是出入龟村堡的唯一通道。由大门进入龟村堡后，是一条南北走向的直巷，巷宽 2m，直巷两旁并列四条横巷，各宽 1.4m。村内 72 座房屋统一呈三间两廊格局，分布在直巷两边，四周围墙内的小房则是以前的马房。在龟村堡东北、西北、东南、西南方位四角各有一座两层的炮楼，直巷南北端各有 1 间两层的楼阁建筑。龟村堡周围有高 6m、厚 0.6m 的围墙，墙外是环绕村堡、宽 18m 的护村河 (图 8-1) 。

图 8-1　俯瞰方形龟村堡及护村河

## 二、仿龟意匠规划布局特点

### 1、取形于龟的规划布局

中国古人认为龟能传达天意、神意，是有灵性、神圣的动物。而且龟十分长寿，并有坚甲保护，可免受敌人的侵害。所以，中国古代有不少以龟为营造意匠的城池、村寨及建筑。龟村堡取形于龟，是取龟富贵、长寿之寓意。传说当时京城局势有变，为了保护财富，郑瑜将七船金银运回白沙，为建造水围村、保护太子做准备，而这也促成了龟村堡便于防卫的建造特色。

龟村堡的平面布局上模仿龟的外形，设计为龟首、龟足、龟尾。从空中俯瞰，整座龟村堡犹如灵龟浮游于水面上，非常具象（图 8-2）。龟首为正北楼，位于村堡内中巷末端，且向北凸出（图 8-3）。北城墙外青砖墙面上镶嵌着三块呈三角状分布的长方形红砂岩石，更是具象地代表龟之双眼以及鼻四角（图 8-4）。村堡四角凸出的炮楼似为龟足（图 8-5），龟尾则是南面护濠上一座木制吊桥（现已改为水泥桥）（图 8-6）。龟村堡内纵横的巷道分布又像是模拟龟腹造型；村堡内 72 间房屋为瓦屋顶，一座屋顶寓意着灵龟的一块鳞甲，72 座房屋则寓意着灵龟的 72 块鳞甲（图 8-7）。

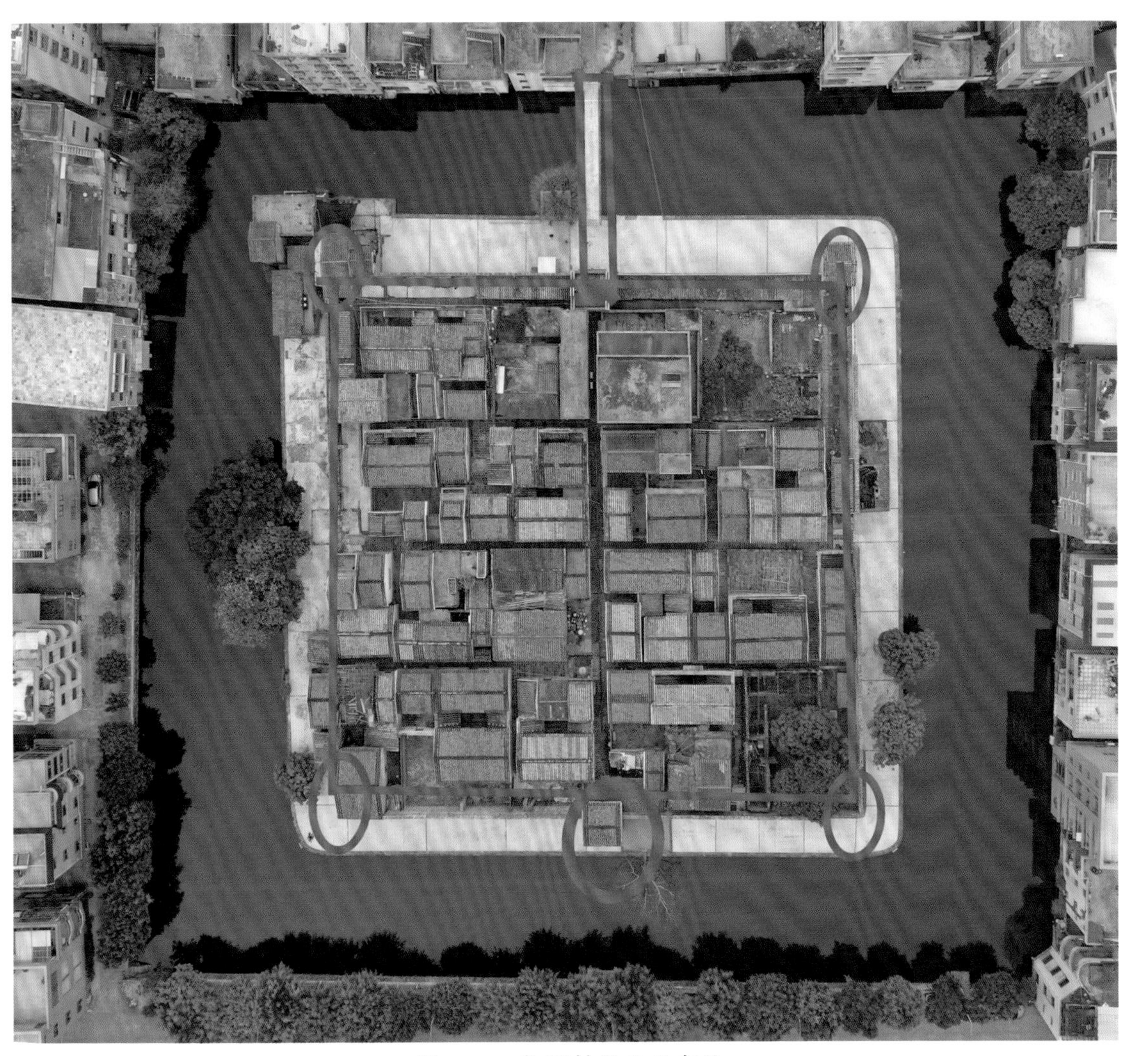

图 8-2　龟形村堡平面布局

图 8-3　龟首楼

图 8-4　龟眼（红砂石）

图 8-5　龟尾（小桥）

图 8-6　龟足（角楼）

图 8-7　龟鳞甲（瓦屋顶）

## 2、“逆水流龟”的独特寓意

中国传统村落在选址择地时理想的地形是后有靠山，有连绵不断的山脉，并且周围要有水源，即左青龙右白虎前朱雀后玄武。然而，龟村堡此处宅地的后背地势平坦，没有所谓的靠山，并不是十分理想的风水宝地。相传前人勘察此建宅地形时，为了破解这一不利地形，选择“逆水流龟”的上水龟形营造意匠方式，龟首逆着水流而上，以达到镇邪之用。村堡北面是龙潭水，龙潭水顺流而下，形成一条小河，村堡的位置是小河最后积聚的地方（图 8-8）。郑瑜兴建这座龟村堡时，选择了逆向。整座建筑龟首向北，龟尾向南，北为龙潭水，寓意龟游向龙潭，风水喝形为上水龟形。

图 8-8　龙潭水汇聚的小河

## 3、独特的军事防御体系

吊桥、护城河、围墙、碉堡楼以及逃生井等形成了龟村堡独特的防御体系，体现了古人在综合考虑建筑布局、用途和防御外敌方面的机智。龟村堡外 18m 宽的护村河将龟村堡与外界隔开。这条宽宽的护濠起到了很好的阻隔外敌的作用。吊桥是龟村堡通往外界的唯一通道，如果有外敌来侵，吊桥立即被拉起，并在护城河的配合下，形成易守难攻之势（图 8-9）。龟村堡四角具有瞭望和防守作用的碉堡楼上设有枪眼，厚重的高围墙上面每隔 3~4m 也可以见到矩形的枪眼（图 8-10、图 8-11）。而村堡正门两边的红砂石上还各有一个炮眼，炮眼为方形，但上面有缺口，那是一个准星，用来瞄准目标（图 8-12、图 8-13）。跨过大门红砂石门槛，还可以看见当年的麻石炮座（图 8-14）。一系列严密的抗敌布局形成了完整的环状防御体系，可以很好地保护村民，抵御外敌。

图 8-9　吊桥和护城河全景

图 8-10　碉堡楼和高围墙上的枪眼

图 8-11　厚重的围墙

图 8-12　村堡大门上的炮眼

图 8-13　炮眼的构造

图 8-14　麻石炮座

龟村堡有一口神秘、令人好奇的逃生井，传说曾经救过不少人的性命。堡内现存 9 口水井，其中一口食水井，一口逃生井，其余 7 口井用于洗衣及防火。食水井位于正北边村口，是村内的生活水源，井水清甜可口，而且源源不断（图 8-15）。穿过几条巷，拐过几道弯后，可在龟村堡的围墙边找到一口井，这就是逃生井，为了安全考虑如今井口已经封掉（图 8-16）。据说，井下有条暗道，能直通村外的山坡（现在这条暗道已经堵塞）。龟村堡人被围困时可以通过暗道逃生，相传郑瑜就曾带着太子由此逃走。

图 8-15　食水井

图 8-16　封闭的逃生

## 4、先进的排水系统

龟村堡自建成至今，从未遭遇水淹，这主要归功于龟村堡精心设计、完整而简洁的排水系统。村内每条排水渠宽 25cm，深 10cm（图 8-17），排水沟断面如此之小，却能够将堡内雨水及时排出，可见龟村堡的排水系统设置的合理性和科学性。村内的排水渠纵横交错，顺着巷道设置，整体呈“丰”字状。东西两侧排水分别自东向中、自西向中沿横巷流往中巷，中巷自北向南流向门楼，经门楼右侧的排水口排到外围护濠内（图 8-18、图 8-19）。横巷水流采取自地势高处流至中巷低处的方式，因此横巷内不会积水。横巷与中巷水流交汇之处不是简单的十字汇合，而采用错位衔接方式，避免较急水流相撞产生回流、出现“拥挤”状况，防止水从结点溢出、降低其排水效率，让龟村堡能及时排水不至内涝（图 8-20）。此外，龟村堡外的护村河最深处设有一个暗阀。若水深超过 1.3m，护村河的暗阀就会自动打开，将河内的水排出，这是龟村堡不淹水的另一个奥秘。

图 8-17　浅窄的排水渠

图 8-18　纵横交错的排水渠

图 8-19　外围护濠的排水口

图 8-20　中横排水渠错位衔接方式

## 三、主要建筑及构造特色

### 1、特殊的墙体

龟村堡的围墙还可见两段比较特殊的墙，分别是金包银墙及蚝壳顶墙。

●金包银墙

龟村堡银楼的青砖墙外，建造了两垛特别的墙体，据介绍是当时为保存金银等贵重物品而设。金包银是以泥为金，砖为银，由于颜色较相近，不易被发现，可防盗。这两垛金包银墙，每垛墙高 4m、长 6m，下宽上窄，是用糖、石灰、沙子等材料填压在一起，非常坚固，即便用枪炮仍然无法撼动墙体。金包银墙至今有 300 多年历史，其包裹在整个龟村堡围墙的外面，长满了青苔。除了两垛围墙的接驳处出现了裂缝，其余的墙体未见任何损毁处（图 8-21）。

图 8-21　具有历史感的金包银墙

●蚝壳顶墙

其他地区较为少见的一种墙体，多出现在珠三角一带，是岭南建筑中比较独特而别致的工艺结晶。在建造房屋时，生蚝壳拌上黄泥、红糖、蒸熟的糯米，一层层堆砌起来，不仅具有隔音效果，而且冬暖夏凉，坚固耐用，据说能抵挡枪炮的攻击。以蚝壳为墙是明代常见的建筑方式，当时蚝壳墙多半出现在众人景仰的祠堂或是有钱人家的宅院里。大户人家之所以格外青睐蚝壳墙，是因为蚝壳墙七菱八角、凹凸不平，在黑夜中若有蝥贼冒然翻墙入院，一定会割得他伤手破脚，具有防盗功能。龟村堡的主人用蚝壳堆积在青砖墙顶部，一方面可起到防盗作用，另一方面也寓意富豪（图 8-22）。据介绍，此墙所用蚝壳来自深圳沙井，体形庞大、质地坚硬，阳光斜射在凹凸不平的蚝壳墙面上，极具线条感和雕塑感（图 8-23）。

图 8-22　蚝壳顶墙

图 8-23　蚝壳墙的雕塑效果

## 2、广府民居特色

龟村堡内 72 座房屋，青砖瓦房，是典型的广府民居三间两廊风格（图 8-24）。古屋分为平民、富人、大官三等，三者有着朴实和奢华之分（图 8-25~ 图 8-26）。

太子屋是村内一间高官住宅，传说太子曾住过。墙体上方有福禄寿墙雕花，屋檐下有龙凤木雕等，较其他民居相对奢华。在它的大门两边各刻有一个威严的龙头造型，这在古代只有皇族才能使用。它们的存在让传说更加富有传奇色彩（图 8-27~ 图 8-29）。

从正巷走到尽头，左边的横巷为郑瑜家属居住地，郑瑜房也位于此。现在房屋已坍塌，但靠外的侧残墙仍然存在（图 8-30）。郑瑜房原貌由一栋三间两廊民居和一栋“明”字屋组成。这座大屋最富有传说之处是其专门设置了一个存放金银等贵重物品的银库。相传当年郑瑜将七艘船中的一船金银作为建龟村堡的费用，另外六船财宝统统掩埋在龟村堡的地下，以备“反清复明”之用。现在龟村堡内这幢叫银楼的平房就是当年掩埋财富的地方（图 8-31）。

图 8-24　青砖瓦房民居

图 8-25 朴实的民屋大门　图 8-26 奢华的太子屋门口

图 8-27　太子屋墙体灰雕

图 8-28　太子屋木雕

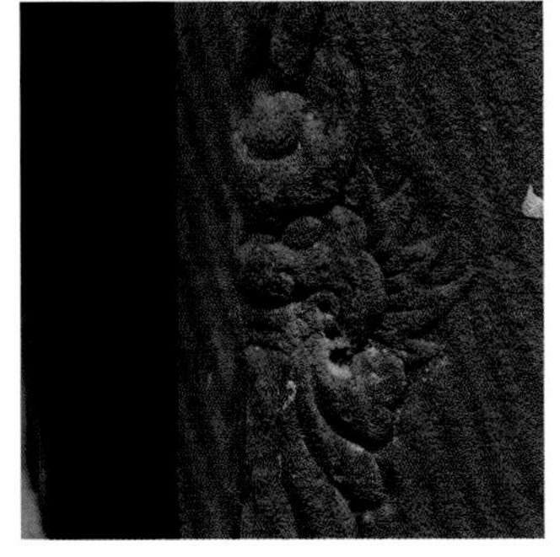

图 8-29　墙角龙首雕刻

图 8-30　已坍塌的郑瑜大屋

图 8-31　传说银楼所在地

### 3、村堡建筑广泛应用红砂岩

红砂岩又叫红米石，因含有丰富的铁氧化物而呈现红色、深红色或褐色而得名，具有丹霞之色美。它是陆湖碎屑沉积岩，富有节理或层理，易加工，抗压强度较强。明清时期红砂岩在今东莞石排至番禺莲花山地质凹陷带蕴藏较为丰富[5]。红砂岩作为辨识度较高的本地石材，是广府建筑的代表性材质，曾为明清时期的珠江三角洲居民广泛利用于建筑或雕塑。

岭南地区高温多雨，尤其春季非常潮湿。红砂岩具有防潮的作用，也有吸收噪音的功能。红砂岩广泛应用在龟村堡大门、门框、门垛、柱基、墙基、地面等建筑部位（图 8-32）。红砂岩墙角雕刻的璎珞惟妙惟肖，挑梁上的草花栩栩如生，大门口的刻字苍劲有力（图 8-33）……红砂岩给纯粹的古村堡增添了丰富亮丽的色彩。

图 8-32　红砂岩在龟村堡建筑的应用

大门上的刻字

图 8-33　红砂岩雕刻

## 四、龟村堡的古韵特色

“山水钟灵凝秀气，云霞蒸蔚焕文章”。古堡、古护村河、古围墙、古民居、古巷、古渠、古井、古树共同构成了逆水流龟村堡的“八古”特色。其中，古巷、古树、古围墙因为数量、位置等因素，特别吸引眼球。

### 1、古道幽深

推开龟村堡古老的大门，开启寻幽探古之旅。巷子内光线昏暗，路面古老的麻石经过几百年的风雨已经被打磨得异常光滑。穿着高跟鞋走在上面，会发出一种清脆、悦耳的声音。这声音在古巷中回荡，像是从远方传来，令人感觉到龟村堡的幽深。走在这恍如迷宫的龟村堡，麻石小巷，古道幽深，岁月流沙，屋檐上雕梁画栋，麒麟、凤凰、孔雀依旧栩栩如生，仿佛让人瞬间就跌落进历史的轮回之中。无论外面历史风云怎么变幻，这里只有古朴的生活、平静的人生及温暖的岁月（图 8-34）。

图 8–34 幽深古道

### 2、古树庇护

龟村堡是一座袖珍的城池，村内并没有太多的树木，但是点缀在龟村堡角落里的几棵高大树木特别引人注目。其与龟村堡共生而具有特别的历史情感，为龟村堡增添了丰富的色彩。

龟首和龟尾处各有一棵树，两者一前一后共同守护着龟村堡，且又遥相呼应，与“灵龟”相映成趣（图 8-35、图 8-36）。十分遗憾的是作者在第二年再次探访龟村堡时发现，原守护在龟首的苦楝树已经消失了，护城河边上只留下孤独的树桩头，仿佛在默默地向游人诉说着它的光辉历史，令人感叹万分（图 8-37）。所幸在龟村堡边上，还有一棵半腰截断的龙眼古树正在焕发着生机。村里老人介绍，相传这棵树由太子屋的主人，明朝最后一位皇太子所栽种，至今已有 200 多年，多年前被虫蛀、雷劈倒就枯死了。但在近年，树基却奇迹般开始长出新绿，开花结果，就如同其所守护的龟村堡一样枯木逢春（图 8-38）。这应该是由于古树地下部分依然有生机，蓄意多年而重新发枝。另外，每逢阳春三月，位于围墙边上的一株正处于落叶期的大叶榕 ，在阳光映照下，总会呈现出满树金黄的景象，与青砖红瓦相互映衬，展现一幅春日里的岭南特色秋景画面（图 8-39）。

图 8–35 龟首苦楝树

图 8–36 龟尾大叶榕

图 8-37　已消失的苦楝树

图 8-38 200 多年枯木逢春的龙眼树

图 8-39　春日里的古堡秋色

## 3、古墙古韵

图 8-40　外围防御型高墙

墙体在建筑中主要起围护和分隔的作用。对于龟村堡而言，墙体还承担着不可替代的功能，古堡外围古墙、红砂墙基、青砖墙等韵味及地带性特征十足，凝聚着深厚的历史文化和年代象征意义。

古堡外围的高墙厚实而坚固，墙上的炮眼随时准备喷发火力，俯视着对峙在护村河外的敌方，让人感受到曾经守护龟村堡的决心与力量（图 8-40）。而斑驳高墙衬托下的翠绿植物生机勃勃，足以让人体会龟村堡内曾经的和谐和繁荣（图 8-41）。龟村堡建筑多以红砂石做墙基。经历岁月变迁后，有的房屋已经倒塌，只残留红砂石为主材的地基、门框或石柱，但是其依然呈现鲜红的颜色。这样的残垣断壁，保存着地带性建筑材料的特色和记忆，诉说着过往时代的欣欣向荣和族人的美好愿望（图 8-42）。北面高出护墙的堡垒楼，青色墙体镶嵌的红砖如龟眼，醒目而神奇，与红砂石的地基、门框和石柱遥相呼应，呈现出整体协调一致的韵味（图 8-43）。

我国很早就有砖的使用记载，但最初较少用于普通居住建筑。直到明代，真正的砖砌墙体才比较普遍。龟村堡内的房屋可见青砖墙，经过烧制的青砖硬度大，砌筑的墙壁比较坚固结实，不易毁坏，防御防腐功能好（图 8-44）。经历数百年风雨，砖墙在时间的沉淀下逐渐斑驳，甚至开始脱落、褪色或长满青苔，历史痕迹一览无遗。但正是这些真实而鲜活的年代印记，让青砖墙向后人叙说远古的建筑历史，让守护者热爱龟村堡的原汁原味（图 8-45）。

图 8-41　高墙与绿植

图 8-42　保存着历史记忆的残垣断壁

图 8-43　青色墙体镶嵌的红砖

图 8-44　坚固结实的青砖墙

图 8-45　刻满年代印记的墙体

# 五、古村堡的守护与保护

## 1、传承不息的守护精神

随着历史的发展，世界已经发生了翻天覆地的变化，作为改革开放前沿阵地的虎门镇更是如此。龟村堡的护村河四周，当初低矮的民房慢慢地变成了高楼大厦，当初荒芜的土地已经车水马龙。龟村堡的后人也有了更舒适的住处，陆续离开了这个富有传奇色彩的村堡。而时间似乎在龟村堡内放缓了速度，它还保存着过往某个时代的风貌，与仅有一河之隔的现代居民区形成了两个不同感觉的世界（图 8-46）。龟村堡里很安静，并没有多少人在这里生活，只有五六户老人仍然住在这里。他们坚守这繁华都市中难得的清静之地，享受着清淡悠闲的生活（图 8-47）。村内不少房屋已经倒塌了，只残留地基和门框的石柱。村民把宅地开垦用来种菜，园子里的果树长得郁郁葱葱。

此前龟村堡的守护人郑国强是龟村堡主人郑瑜的第 13 代传人（图 8-48）。1998 年，他退休后拒绝随子女去香港养老，一直居住在龟村堡内的祖屋中，并担任龟村堡的义务管理员和讲解员，向游人讲述百年龟村堡传奇故事。曾有游人记载，郑伯有一本题为“我的夕阳红”的相册，里面有龟村堡各个地方的照片和郑伯管理龟村堡的具体工作等，还特意写了一句“一本相册就是一本人生记录”自勉。2018 年，守护着村堡二十多年的郑伯去世了，从此再也看不到他坐在村口大榕树下静静守护着村堡的身影。令人欣慰的是郑氏后人郑金扬继承龟村堡的守护人身份，担任起守护龟村堡的使命，这份传承不息的守护精神令人感动。

图 8-46　四周被现代民居楼所包围的龟村堡

图 8-47　村宅内的菜园

图 8-48　龟村堡的守护人郑国强老人生前照片（源自：国家地理中文网）

## 2、龟村堡保护与修缮

由于年久失修，龟村堡内的部分房屋自然坍塌，残垣断壁到处可见。2016 年 4 月，东莞市人民政府公布实施《东莞市文物保护单位逆水流龟村堡保护规划》，当地政府对整个村堡进行保护性修缮。笔者所在的广州市园林建筑工程公司 ( 现名 : 广州市园林建设有限公司 ) 于 2017 年受东莞市虎门镇文化广播电视服务中心委托，承担了龟村堡内部分民居的修缮工程。

● **民居修缮前破损情况现场调研**　①部分屋顶坍塌，屋脊破损、倾斜严重，屋面陶质瓦当破损、缺失，许多单板瓦屋面为后期人为随意乱铺；②木构件损毁、糟朽、虫蛀严重，油漆退化；③部分墙体坍塌，外墙体局部歪闪，红砂岩、青砖墙风化酥碱严重，内墙批荡层开裂、空鼓、脱落严重；④大阶砖地面破碎、下沉严重，有部分为后期新铺水泥地面；⑤木门窗破损、虫蛀、糟朽严重甚至缺失；⑥灰塑、石雕等装饰构件破损严重、剥落（图 8-49）。

图 8-49　民居修缮前破损情况

### ● 保护修复取得的成效

修缮保护坚持“修旧如旧”和“不改变原貌”的原则，坚持使用传统材料和传统工艺进行施工；遵从保存原形制、原结构、原材料、原工艺的“四保存”维修原则，尽可能地保存各个历史时期有价值的痕迹，最大限度地保存好这些历史信息，最大可能地展现其历史原状和环境风貌，保护好建筑本身所具有的历史真实性，以充分保存和展示其历史价值、艺术价值和科学价值。在保护修缮方案制定、技术措施落实过程中，修缮部门经过查阅资料、与专家学者研讨、与族人讨论交流、与当地工匠的切磋琢磨，最终敲定民居的保护修缮方案。工程措施依照既定方案逐步推进实施（图 8-50）。

修缮工程，排除了龟村堡内的险情，扶正了东倒西歪的墙体，复原了塌陷的房顶。古朴的青砖墙面、黄色的泥瓦基本呈现古民居的原貌，巷内干净整洁，龟村堡重焕光彩（图 8-51）。

图 8-50　民居修缮施工过程

图 8-51　修缮后的民居风貌

# 第九章 广州陈家祠

陈家祠，原称陈氏书院，位于广东省广州市中山七路。它始建于清光绪十四年至二十年（1888—1894年），是当时广东省七十二县陈氏宗亲合资兴建的族祠，是广东现存规模最大、保存最好的祠堂建筑。陈家祠以七绝（木雕、砖雕、石雕、陶塑、灰塑、彩绘画及铜铁铸）装饰工艺著称于世，1988年被认定为全国重点文物保护单位。

清光绪十四年（1888年），陈兰彬、陈伯陶等48位陈姓士绅倡议在广州买地建造书院。他们联名向广东各地陈姓宗族发出《广东省各县建造陈氏书院》《议建陈氏书院章程》等信函，号召各地陈姓宗族踊跃捐资到广州建造祠堂。据说，当时广东七十二县的陈姓宗族都曾捐款参与祠堂的修建。倡议者们通过认购神主牌位、提供科举在广州落脚点的方式筹得巨款。广东省各地陈氏宗族在广州城西门外兴建合族祠。陈氏族人邀请全省著名建筑商号如瑞昌、时泰、刘德昌、许三友等共同承建。陈家祠的建造历时七年，于光绪十九年（1893年）落成。

1905年，科举制度被废除，各地同姓宗族并不希望失去他们长期以来在广州城中形成的落脚点和联络处，因此他们及时调整存在形式，以便能在新的社会环境下合法存在，其中一个合法的形式就是自治。1910年，陈家祠内就成立陈氏家族自治社。民国时期，这里先后为广东公学、广东体育学校、文范中学、聚贤纪念中学等。

1950年，广州市政府在陈家祠设立了广州市行政干部学校；1959年，广州市政府以陈家祠为馆址成立了广东民间工艺馆；1966年，陈家祠先后被广州电影机械厂、广州新华印刷厂、广州市第32中学等占用；直至1980年底，陈家祠主体建筑才重新交还给了广东民间工艺馆；1988年，国务院公布陈家祠为第三批全国重点文物保护单位；1994年，广东民间工艺馆更

图 9-1 1959 年的陈家祠外貌

图 9-2　陈家祠全景图

名为广东民间工艺博物馆。此后，在各界的呼吁和政府的大力支持下，陈家祠的用地问题逐步得到解决，陈家祠恢复了昔日的容颜。2002 年，陈家祠以“古祠留芳”的美名成为“新世纪羊城八景”之一（图 9-1~图 9-2）。

陈家祠的历史沿革如下：

1888 年，陈氏族人开始收购土地倡建。

1893 年，陈家祠主体建筑落成。

1910 年，开设陈氏家族自治会。

1915 年，广东公学迁入陈家祠内办学。

1928 年，广东体育学校也在陈家祠内创办。

1947 年，组织广东陈氏联谊会。

1950 年，广州市政府在陈家祠内设立了广州市行政干部学校。

1957 年，广州市文物部门正式接管陈家祠，并对其进行了复原维修。

1959 年，广东民间工艺馆以陈家祠为馆址正式成立。

1981 年，进行了一次较大规模的维修复原工程。

1988 年，陈家祠被国务院公布为全国重点文物保护单位。

1994 年，陈家祠被广州市委、市政府公布为广州市爱国主义教育基地。

1996 年，陈家祠被评为“广州十大旅游美景”之首。

2002 年，陈家祠以“古祠留芳”之名入选“新世纪羊城八景”。

2006 年，陈家祠被选为“广州城市文化名片”。

2009 年，陈家祠被评为国家 4A 级旅游景区。

2011 年，陈家祠再次以“古祠留芳”之名入选羊城八景。

## 一、陈家祠的整体布局及特色

陈家祠属于合族祠，总平面近似正方形，东西方向 81.5m，南北方向为 79.0m，占地面积 6508.0m$^2$，建筑面积 3986m$^2$，是广府地区乃至岭南地区规模最大的祠堂建筑（图 9-3）。

### 1、整体布局

陈家祠坐北朝南，以中轴建筑为主，遵循中国传统建筑“前门、中堂、后寝”的形制，采用三进三路九堂两厢的整体布局，主体结构严谨对称，主次分明。建筑门厅前有开阔的广场，由左、中、右三路建筑组成，每路建筑有三进，左右纵横共有 6 院 8 廊 19 座建筑，每路建筑之间用青云巷相间隔，形成纵横规整而又明朗清晰的平面格局（图 9-4）。

### 2、布局特色

陈家祠的建筑空间布局以祭祀祖先和聚会议事这两个功能为主，通过各种方法来体现慎终追远、尊卑有序、主次有别的传统思想。设计者采用中轴对称的手法，使得整个建筑主次分明，秩序井然。

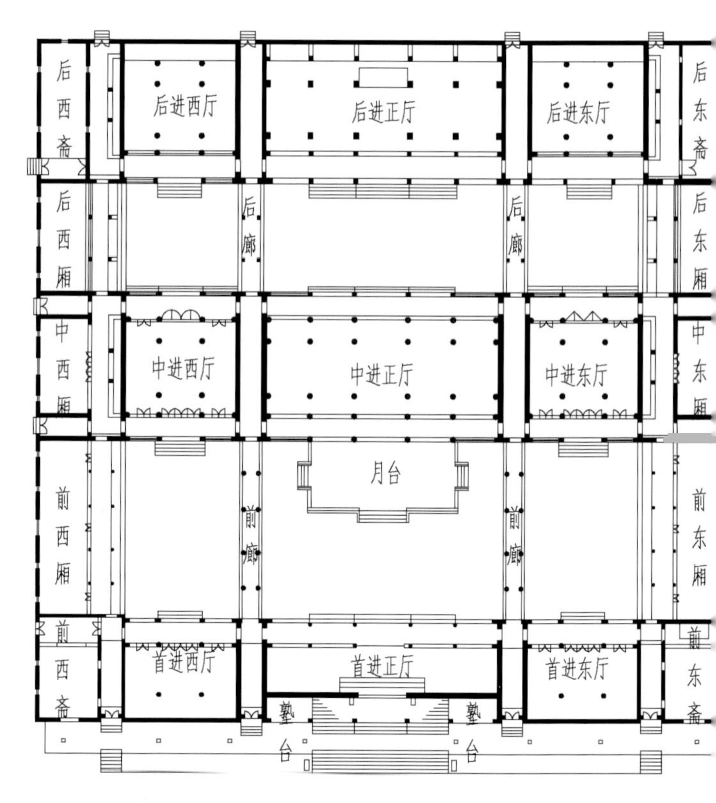


图 9-4 陈家祠建筑各部分名称
（根据《广州陈氏书院实录》自绘）

图 9-3 陈家祠 正门

## ● 中轴对称，尊规守正

在中国古代，祠堂是宗法族权的象征，因此要有一种威严、礼谨、庄重的气氛。陈家祠在总体布局上采用中轴对称和尊规守正的手法，表现了敬天法祖的思想。人们通过顶礼膜拜的行为祈求祖先佑荫家族的繁荣昌盛。中路的头门、聚贤堂、后堂是中心所在，祭拜祖先都在这里进行。正中聚贤堂是整个祠堂的核心，是供族人聚会、议事、宴请、礼拜、祭祀的场所。它高达13.75m，面阔五间26.57m，进深五间16.9m，为前后廊六柱21架；空间宏伟轩昂，脊高4m。对称是突出中心的重要手段。为此，建筑群的路和进在数量上须取奇数。陈家祠有左、中、右三路，前、中、后三进，因此形成了中路居中、二进居中的格局。建筑物的开间也须取奇数，方能形成“当心间”。另外，陈家祠中路建筑的间数多于左右路建筑的间数，中路建筑的通面阔大于左、右路建筑的通面阔。建筑的进深尺寸也是中间大，前后小。建筑装饰装修的规模、等级、题材、工艺等，呈现为从中央向两侧渐次变化，或中央繁华，两侧简朴；或中央宏硕，两侧小巧；或中央高崇，两侧低矮等，以此来彰显中路建筑的中心地位（图9-5）。

图9–5　中心聚贤堂

## 中高旁低，前低后高

中路建筑高度最高，左、右路次之，两庑最低，脊饰高度的变化亦如此，形成了中高旁低的空间布局。中路建筑在左、右路和两庑建筑的衬托下显得更加高大雄伟。

整座建筑前低后高，中间有青云巷南北贯通，层次递进。青云巷本来是为祠堂的防火而立，但建造时一级比一级高，是取其吉祥之意，希望陈氏弟子通过青云巷能平步青云，光宗耀祖（图 9-6）。

各路建筑和庭院的地面也是逐级升高的。陈家祠头门的室内地面标高为 0.54m，聚贤堂为 0.93m，寝堂为 1.24m，前后高差为 0.70m。这种“步步高开”的地面变化为祠堂建筑中所常见，也是其他传统建筑惯用的空间布局方法，由逐步上升和纵深发展的空间序列产生庄严之感。同时，这也满足了建筑群地面排水的需要。

图 9-6 “步步高开”的青云巷

## 外围封闭，内部空间变化有序

陈家祠的外围建有 4. 30m 高的青砖围墙，正面中轴两侧有“德表”“蔚颖”“昌妨”“庆基”四个廊门直通后院（图 9-7）。横向也有四个廊门通向东、西两院。青云巷与檐廊棋盘相交（图 9-8），室内外空间有轩廊过渡，方整井然。空间层次变化有序，形式统一，比例均衡，使对称布局并不单调，在严谨之中有许多微妙变化。

图 9-8 通透的连廊与檐廊

图 9-7 “德表”“蔚颖”“昌妨”“庆基”四个廊门

图 9–9　通风廊道青云巷

图 9–10　开放式空间

## 二、陈家祠的建筑特色

陈家祠有堂、厅、厢、斋、廊等建筑，此外还有庭院、前院、水塘以及旗杆、水井等室外场地和附属设施。室内有雕饰精致的梁架屏门、格扇、挂落等，室外有高耸华丽的陶塑和灰塑，有精湛技艺的砖雕和石雕。陈家祠既严整肃穆又端庄华丽，既具有古建的传统风格，又具有岭南建筑的鲜明特色，堪称中国南方建筑的经典之作。

### 1、建筑整体适应岭南气候

岭南地区的建筑有独特的需求，即通风、隔热、遮阳、避雨等，还需要能抗台风。陈家祠外围采用青砖砌筑方形围墙，山墙高大厚实，梁架稳重，屋坡陡直，出檐较短。檐廊结构采用穿斗式步架，多采用墙体承重，以利于抗风、防风。整体建筑以“梳式”布局为主，通过青云巷、廊、庑，将十几座不同尺度、不同功能的建筑空间组合成一个有机的整体。主体建筑坐北朝南，前低后高，达到通风通气的效果，也利于建筑材料防潮防虫，延长寿命（图 9-9）。同时，各路建筑在竖向上以青云巷相隔，增强了建筑整体的通风、散热、防潮、防火的效果。月台、敞廊、敞厅等都采用开放性空间，争取了更多的遮阴面，从整体环境设计来达到降温的效果，既适应岭南炎热、潮湿的气候条件，也充分体现了岭南建筑空间自由、流畅、开阔的特点（图 9-10）。

此外，为了防虫、防腐，选用麻石、青石用于檐柱、柱础、石阶、栏板和地面（图 9-11）；采用开敞的厅堂，可装可卸的格扇，室内屋顶不设天花板，确保室内空间的通透性及通风效果（图 9-12）。总之，无论是整体还是局部，陈家祠都能因地制宜，针对岭南的特殊气候条件采取相应的解决方式，不仅对建筑本身起到了良好的保护作用，而且令居于其间的人体验到一种舒适惬意之感。

图 9–11　石柱础

图 9–12　厅堂内可装可卸的格扇

## 2、建筑装饰富有岭南特色

建筑装饰是建筑人文内涵的一种重要表现，旨在提升建筑的文化底蕴，强化建筑的精神功能。岭南建筑则与之不同，即使是精神性功能很强的传统礼制建筑，其装饰也大都与现实生活密切相关，透出一种要为人们服务的世俗务实目的。

陈家祠的建筑装饰集富有地方特色的三雕（木雕、石雕、砖雕）、两塑（陶塑、灰塑）及彩画等岭南传统装饰工艺手法于一体（图 9-13~ 图 9-16），极具岭南特色。选用了地方特色果木如荔枝、杨桃、佛手、菠萝、芭蕉等，以及“渔舟唱晚”“渔樵耕读”等表达岭南特色乡村风光和生活场景的题材，这些直接源于生活，既平易近人，又生动活泼，反映了鲜明的民间风情和民俗特色。

此外，陈家祠在脊饰上也大量运用了鳌鱼、垂鱼等岭南特色图案，尤其是正脊塑造的两根长须伸向晴空的鳌鱼形象，以夸张的手法表达普通民众消灾祈福的世俗心理追求，带有浓郁的岭南地方风貌。

图 9-13　木雕“踏雪寻梅”

图 9-14　石雕“福寿双全”

图 9-15　砖雕“天姬松子”

图 9-16　陶塑“鳌鱼”

## 3、中西融合的建筑特征

陈家祠是一座传统建筑，却没有保守的气息，反而有很明显的中西融合品质。

陈家祠的主体遵循了礼制建筑中轴对称、主次分明的传统布局手法；在建筑装饰方面，充分体现本地材料的工艺特征，比如木雕充分运用了双面镂雕等独具岭南地方特色的技法于其中（图9-17）；在意境上，采用传统的象征、寓意以及民间喜爱的比喻、谐音等手法，如传统的祥瑞动物龙、凤、麒麟、蝙蝠等，代表吉祥富贵的松、竹、牡丹等植物，来表达人们对吉祥如意或美好生活的愿望（图9-18）。

陈家祠也深受国外建筑文化的影响，成为中外建筑文化交融的缩影。比如有几处砖雕上刻有背上长有翅膀，正在展翅飞翔的基督教天使形象（图9-19）；内院落与院落连接的廊门都采用罗马式的拱形门洞，是陈家祠兼容并蓄、务实变通的完美体现(图9-20);“德表”“庆基”两个门内的地面用的不是石材，而是西方风格的地砖，这些砖块正面有网格状纹饰，美观、防滑，背面生产日期及地点清晰可见（图9-21）。这些都是陈家祠大胆吸取西方文化的重要表现。

图9–17　中路头门的“双面镂雕”

图9–18　祥瑞龙形石雕

图9–19　“天使”砖雕

图9–20　罗马式的拱形门洞

图9–21“庆基”门廊内的地砖

## 三、主要建筑装饰

被誉为百粤冠祠和“岭南艺术建筑的一颗明珠”的陈家祠，集岭南建筑装饰艺术之大成，以三雕（石雕、砖雕、木雕）、二塑（陶塑、灰塑）和铜铁铸、绘画装饰艺术著称，俗称陈家祠“七绝”[1]。

陈家祠的“七绝”艺术，技艺精绝，形式活泼，题材广泛，造型生动，形象传神。装饰技法既简练粗放，又精雕细琢，相互映托，具有很高的文化品味，是清代岭南地区建筑装饰艺术史的代表作。

### 1、木雕

陈家祠是砖木结构的建筑，其柱、梁架、斗拱、屏门、神龛、花罩、雀替等大部分为原木制作。这些木构件上大多雕刻着繁而丰富的故事图案；在建筑内部，几乎所有的构件均以雕工精美的木雕为装饰。

木雕的内容也包罗万象，图案多而富丽，但是色彩古朴，统一采用深褐色。色彩深沉的木雕与五彩缤纷的屋脊灰塑、陶塑形成强烈对比。陈家祠木雕凝聚了清代广东木雕的精华，室内装饰以精湛的木雕艺术见长，完全不需要依赖色彩点缀就能获得引人入胜的装饰效果。木雕主要表现在首进和中进的木屏风、后进的神龛木罩、各房间的木梁架和偏厅的门罩等。

#### ● 屏风木雕

陈家祠的屏风数量多，规格大，木雕装饰精美。在中路的头门是一道巨大的木屏门，它由四块双面镂刻有吉祥如意纹饰的木门组成，有重大活动时打开屏门。三进建筑前后贯通，屏风也因此成为木雕装饰的重点。4 扇屏风都有上、中、下三幅木雕画，其中上面 2 幅采用双面雕刻手法镂空而成，精美绝伦；雕刻的内容大多含有深刻的寓意，如“金殿赏赐”“金殿比武”“孟浩然踏雪寻梅”“渔舟唱晚”“渔樵耕读”等，充满了岭南文化韵味；镂雕的运用使屏风显得通透，院内景物若隐若现，颇具含蓄之美，被誉为广东第一屏门（图 9-22）。

头门木雕屏风正面

头门木雕屏风局部“渔樵耕读”

头门木雕屏风局部“金殿赏赐”“金殿比武”

图 9-22　屏风木雕

图 9-23　“福”字木雕

屏风背面裙板上有两个木雕的“福”字图案，一左一右，互为倒写，寓意“福到”，还隐含了“双福盈门”的意思。“福”字的造型，融汇了书法和绘画艺术：竹子由根部盘旋而起，形如走蛇，气贯如虹，这棵斑驳苍劲的老竹比喻陈氏家族历经奋斗创下的雄厚基业；竹叶生机勃勃，代表了陈氏子孙朝气蓬勃，青春焕发；粤语中“竹”与祝福的“祝”谐音，以竹子构成的“福”字又有祝福的意思。更奇妙的是，这个“福”字拆开来看，左边是一个“多”字，右边是一个草书的“寿”字，八只仙鹤站立其中，配上“青春发达，大器晚成”的题款，以祝愿陈氏子弟能青春发达，早日成才，即使暂时失意，也不必气馁，终会大器晚成。一个“福”字，充分展示了民间艺人的聪明才智，将传统民俗文化和建筑装饰艺术进行高度结合，被誉为“岭南第一福” （图 9-23）。

在“福”字图案旁，还有绝妙的“五福捧寿”木雕。木雕图案是一个精致的博古架，上面摆放着珊瑚、青铜香炉、铜钟和玉璧，画面上有数只小鸟，香炉上香烟缭绕，绵延成五只蝙蝠和一个寿字，即“五福捧寿”，题款为“英雄吐气兆乎福寿连绵” 。这个“五福捧寿”图巧妙地利用了传统文化含义和汉语语言特点，以“蝠”代“福” ，又将“寿”放在“五福”中间，寓意福寿连绵（图 9-24）。

双面镂通木雕“渔舟唱晚”图，表现出珠江三角洲水乡渔民劳作之余悠然自得的水上生活情趣，生动地再现了岭南的民俗风情（图 9-25）。

图 9-24　“五福捧寿”木雕

图 9-25　“渔舟唱晚”木雕

聚贤堂是陈家祠建筑的中心，也是当年族人举行春秋祭祀和议事聚会的地方。厅堂高大宽敞，装饰典雅，大堂后的12扇大型木雕屏风将聚贤堂与后进院落分隔开来（图9-26）。这12扇屏风上雕刻的题材主要是商周至宋代的历史故事和神话传说，包括“太白退藩书”“郭子仪祝寿”“渭水访贤”“携琴访友”“荣归故里”“韩信点兵”“岳飞大破金兵”等（图9-27~图9-30）。木雕图案采用“之”字形构图，把曲折复杂的故事集中在一个画面上有序地表现出来，让人置身于故事发生的场景中去，是艺术价值极高的木雕作品，被誉为“用钢刀雕刻的中国历史故事长廊”。

图9-26　聚贤堂12扇木雕屏风

图9-27　木雕屏风“太白退藩书”

图9-28　木雕屏风“荣归故里”

图9-29　东进木雕屏风“拳打镇关西”

图9-30　西进木雕屏风“赤壁之战”

图 9-31　首进门的满布式木雕

## ● 梁架木雕

陈家祠木梁架雕刻的主要内容是历史故事和人物，木雕再现历史情形，栩栩如生，装饰效果生动逼真。

首进头门的梁架间采用满布式雕刻高浮雕的手法。梁的两端雕成龙头形，中间是浮雕的人物故事，如“王母祝寿”“践土会盟”“尉迟公争帅印”等历史故事和民间传说题材。首进头门东面梁架上雕刻着“曹操大宴铜雀台”的故事，曹操坐在铜雀台上观看校场下各员大将比武，画面突出刻画了徐晃与许褚在比武之后，为争夺象征荣誉的锦袍而斗得难解难分，场面非常激烈。与月梁相接的柁墩则雕刻着曹操高坐钢雀台上，抚须微笑的形象，既突出了人物的主体地位，又将两个实用构件完美结合，使头门梁架成为精彩的木雕艺术品（图 9-31、图 9-32）。

图 9-32　头门梁架上的木雕

陈家祠的雀替造型装饰也各不相同，其装饰题材包括人物、花果、鱼鸟、瑞兽等，通过祥云、卷草、如意纹把这些内容组织在一个三角形的构图中（图 9-33）。

### ● 室内装饰木雕

花罩的细部雕饰是室内装饰中最为精彩的部分。陈家祠的东西厅、东西斋、聚贤堂的立柱间都嵌有木雕花罩。木雕花罩多以盘卷的植物枝藤构图，枝藤上雕出的花卉果实和珍禽异鸟风格清新。首进西斋的落地花罩，通体雕成一个完整的葡萄架。葡萄是吉祥的象征，因为它总是生长在缠绕的藤上，在人们心中代表着子孙绵延，又因为结子多，代表子嗣繁盛。整座花罩构图疏密有度，层次分明，镂雕精美绝伦，线条流畅，是古建花罩装饰的精品之作（图 9-34）。

图 9-33　雀替木雕

图 9-34　首进西斋的落地花罩葡萄架

图 9-35　东面檐墙砖雕组

图 9-36　西面檐墙砖雕组

图 9-37　“百鸟图”砖雕

图 9-38　“刘庆伏狼驹”砖雕

图 9-39　“五伦全图”砖雕

## 2、砖雕

砖雕是以砖为基本材料的传统建筑雕刻工艺，与砖墙浑然一体，具有很强的装饰效果。砖雕是陈家祠“七绝”装饰之一，其装饰部位主要在檐墙、廊门、山墙墀头之上，也有作为花窗的装饰。

陈家祠正面外墙上共有六幅大型砖雕，犹如六幅大型水墨字画镶嵌在色彩单调的青砖墙上，十分雅致美观。其中两幅宽3.60m、高1.75m，其余四幅宽3.40m、高1.65m，其规模和技巧都是广东地区少有的砖雕巨制（图 9-35、图 9-36）。

东面檐墙上的砖雕“刘庆伏狼驹”图，取材于中国戏曲故事。画面中间双手握拳威风凛凛的就是大将刘庆，被降服的烈马四脚朝天躺在地上，形象逼真，构图巧妙，刘庆等人衣褶分明，砖雕生动地刻画出刘庆降伏烈马的热闹场面(图 9-37)。“刘庆伏狼驹”图左右两边为“百鸟图”“五伦全图”（图 9-38、图 9-39）；画幅两旁有范仲淹、王文治等的名言诗文（图 9-40）。

图 9-40　砖雕诗文

西面的大型砖雕是“梁山聚义”图，刻画《水浒传》中晁盖、林冲等众多英雄好汉汇集在聚义厅的宏大场面（图 9-41）。“梁山聚义”图左右分别有“梧桐杏柳凤凰群”图和“松雀”图（图 9-42~ 图 9-43）。

图 9-41　“梁山聚义”砖雕

图 9-42　“梧桐杏柳凤凰群”砖雕

图 9-43　“松雀”砖雕

图 9-44　檐下砖雕、墀头砖雕

陈家祠门楣处、屋檐下、墀头等位置也有精美的砖雕装饰（图 9-44）。砖雕多以花卉和动物为题材，均寓意吉祥如意，比如以石榴、丹桂、葡萄等组合的图案表示子孙繁茂；佛手与仙桃雕刻在一起，佛与福谐音，仙桃喻意长寿，表示多福多寿；喜鹊在梅花树上，喻意喜上梅（眉）梢；还有大狮小狮，表示升官发财，飞黄腾达。砖雕图案还出现了西方传说中可爱的小天使，与中国传统花鸟组合放在一起，既反映出民间砖雕艺人受到了西方文化的影响，又体现出他们灵活和不受约束的创作风格（图 9-44、图 9-45）。

图 9-45　精美砖雕

### 3、石雕

花岗石耐腐、耐酸、耐风化，不怕风雨侵袭，是岭南建筑中最常用的建筑材料。陈家祠的台基、墙裙、檐柱、栏杆、台阶等处均用精选的花岗岩石作装饰，而且为了美观，还会对各个石材构件进行雕刻，主题也是以民间故事、动物瑞兽为主。

陈家祠大门前有一对石狮子，由工匠采用一整块石料雕刻而成。东边的雄狮脚踩石球，傲视远方，象征着权力；西边的雌狮蹄扶小狮，象征着子孙兴旺、家族繁荣。石狮口内有光滑的石球，石球比狮子的牙缝大，在狮子的口腔里自如地滚动却又不会滚出狮口，这是石雕艺人运用镂雕技法雕琢而成的。这一对石狮，雌雄相配，成双成对，寓意事事（狮狮）平安。底座上还雕刻着龙和白虎，隐含了陈家祠左青龙、右白虎的位置。这对形体活泼、神态祥和的石狮，整体造型轮廓清晰，线条流畅，具有强烈的地域特征，是岭南地区清代晚期石狮造型的代表佳作（图 9-46~ 图 9-47）。

图 9–46　门前两两相望的对狮

图 9–47　石狮及其基座

头门的两旁，有一对高达 2.55m 的抱鼓石。石鼓直径 1.40m，鼓面光滑，鼓侧雕饰骨钉、兽面和蝙蝠纹，基座有“日神”“月神”“八仙过海”等题材的浮雕（图 9-48）。

图 9–48 大门旁的一对抱鼓石

陈家祠的墙裙雕刻有“喜上眉梢”“蟾宫折桂”、松、鹿等吉祥图案（图 9-49）；石垂带位于台阶两旁，陈家祠的石垂带同样雕刻成金蟾、小狮子、寿桃等代表吉祥的装饰物，都有“官运亨通”“福寿如意”“吉庆祥和”等寓意（图 9-50）。

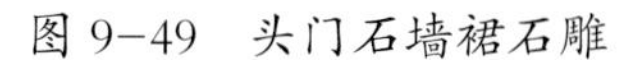

图 9-49　头门石墙裙石雕

图 9-50　头门石墙裙石雕

陈家祠的檐廊隔架采用了一组石圆雕，上半部分为人物、狮子、蝴蝶等，下部为方架结构，雕有蝙蝠、花鸟等吉祥图案，生动而有寓意（图 9-51）。

图 9-51　头门隔架狮子

聚贤堂前的月台栏杆是陈家祠石雕装饰工艺之精华。月台南面及东、西两侧各有一道台阶，台阶石雕栏杆的望柱头雕有蹲坐的小狮子；月台栏杆以通雕铁铸画饰为栏板，与石雕浑然一体，非常精美（图 9-52）。

图 9-52　月台栏杆狮子石雕

## 4、陶塑

陈家祠的陶塑脊饰，是岭南建筑陶塑的典范。陈家祠采用著名的石湾陶塑脊饰，俗称“石湾瓦脊”，产于广东省佛山市石湾镇。石湾陶塑脊饰源自明末，吸收了中原琉璃脊饰的工艺技法，以本地的陶土和釉药为材料，糅合了岭南地区的人文理念，创立了自成一派的富有岭南地方特色的陶塑脊饰——石湾陶塑脊饰。

屋顶正脊上有11条石湾陶塑脊饰，总长度为159m，装饰人物1100多个（图9-53）。全脊两面都塑造有亭台楼阁，人物花卉，体形高大、色彩鲜明、层次丰富、人物众多，是清末陶塑脊饰的代表作。

图9-53　陶塑脊饰

屋顶上最高处是一对龙头鱼尾造型的陶塑鳌鱼装饰。它凌空而下，两根长须伸向天空，显得气势非凡。鳌鱼可以降雨喷水灭火，有看守房舍、防火避灾之意；同时，鳌鱼又被视为尊贵吉祥的象征，因此把鳌鱼作为屋脊装饰，迎合了人们既祈求平安，又希望子孙后代独占鳌头、高官显贵的愿望（图9-54）。

图9-54　陶塑鳌鱼

陶塑脊饰的题材多为人们喜闻乐见的历史故事、民间传说、瑞兽珍禽等，具有浓郁的传统文化特色（图9-55）。瑰丽奇巧的陶塑花脊使陈家祠的建筑层次更加分明，光彩夺目，建筑也因此显得高大堂皇。陶塑脊饰是广东独有的最华丽的传统建筑装饰，为中国古代陶瓷艺术史和建筑史增添了精彩的一页。

图9-55　陶塑“加官图”“智收姜维”“群仙祝寿”

图 9-56　灰塑“独角狮”

## 5、灰塑

陈家祠的灰塑总长度达 2500m，总面积约 2448m$^2$，题材丰富，造型生动、色彩艳丽，将陈家祠装扮得亮丽、豪华。

在首进和中进山墙垂脊上各有 6 对独角狮，体型巨大，全身朱红，头长独角，大眼圆睁，神态各异地蹲伏在檐沿上，气势雄伟。据说在明代初年，佛山出现了一头怪兽滋扰民间，人们想了好多办法都没能赶走它。后来，有人就提出“用妖治怪”的方法，请当地的艺人用竹子扎了一只大耳宽鼻、两眼圆突、张着血盆大口，形象十分凶猛的独角狮。当怪兽出现的时候，人们就敲锣打鼓，放鞭炮，舞动着独角狮向怪兽直冲过去。怪兽一看比自己大的独角狮，吓了一跳，转头就跑，从此，它就不再出现了。后来，用独角狮辟邪保平安的传统就流传了下来，陈家祠的独角狮就是为了辟邪保平安的。这些突立于倾斜的垂脊前沿之上的形大体重的独角狮，制作难度大、要求高，代表了广东灰塑制作技艺的最高水平（图 9-56）。

灰塑装饰题材多样，主要包括民间历史故事，如“桃园结义”“竹林七贤”“古城会”等；神话故事，如“八仙过海”“日月神”等；祥禽瑞兽，如“狮子戏球”“蝙蝠”等；以及广东美景，如“羊城首景”“西樵云瀑”等。这些灰塑内容丰富，颜色灿烂，人物丰满，动物逼真，蕴藏着深厚的岭南文化基因和精神特质（图 9-57）。

灰塑“竹林七贤”

灰塑“桃园结义”

灰塑“羊城首景图”

图 9-57　题材丰富的灰塑

正脊脊饰分为上下两层，上层为陶塑脊饰，下层为灰塑脊饰。灰塑脊饰按照屋脊长度分为 1 幅、3 幅、5 幅或更多，但必须是单数。中间一幅为主，两侧对称布置（图 9-58）。

图 9–58　正脊灰塑脊饰“福禄寿图”

## 6、彩绘

陈家祠的彩绘装饰仅有一对门神和两幅壁画，以及蚀花玻璃画，数量不多，但起到画龙点睛的作用。

陈家祠是广州规模最大的合族祠，大门高 5.61m、宽 4.10m、厚 0.13m。大门上采用勾线重彩技法装饰有一对高达 4m 的大门神。彩绘门神是广东许多祠堂的重要装饰之一，象征威严与安宁。这对门神身穿戎装，一个是红脸的秦琼，另一个是黑脸的尉迟恭（图 9-59）。据说，当年兴建陈家祠时，今广州中山七路附近仍是水田和郊野之地。为了避免鬼魅夜晚干扰陈家祠，人们就请著名的画师在书院的大门上彩绘了秦琼和尉迟恭的画像 。

图 9–59　彩绘门神

## 7、铜铁铸

铜铁铸是陈家祠的“七绝”之一，虽然在陈家祠建筑中用得不多，但很有特色。

陈家祠建于清朝末年，当时的广州已经是对外开放的城市，中外文化交流比较多，西方的建筑装饰也传到了广州。陈家祠的铁铸装饰明显受西风东渐的影响，带有西方庭院建筑装饰艺术的特征。铁铸双面镂通栏板镶嵌在聚贤堂前的月台石雕栏杆之中，共 16 块，利用黑铁与白石的色彩，对比强烈，是陈家祠建筑装饰艺术的一大特色。

铁铸通花栏板大量采用祥瑞的动物、植物及其他图案作为装饰题材，内容吉祥如意，以稻穗和鱼取其谐音，组成“岁岁有余”图案。满塘的金鱼在戏水寓意“金玉满堂”。装饰题材表达了人们对富贵生活的向往和追求家族兴旺、多子多福的愿望（图 9-60）。

图 9–60　聚贤堂前的月台铁铸栏板

铜铸主要在大门上。在被称为“岭南第一门”的陈家祠大门中间，镶有一对精美的铜铺首，直径达60cm，单个重60kg。相传这对铜铺首的形象取自青龙的儿子，名“椒图”，因为它“好固，故立于门环之上”，以镇家宅。铜铺首边饰莲瓣，兽头衔环，张口露齿，形态凶猛，造型古朴凝重。这对铜铺首离地面有2m，一般的人都摸不到，说明它已经失去了原有的门环功能，变成了一个代表陈氏大家族等级观念的符号和精美的装饰物。造型凶猛的铜铺首和形态威武的门神装饰在正门之上，使这座宗族祠堂产生一种令人肃穆的庄严气氛（图9-61）。

图9-61　大门上的铜铺首

在陈家祠的踏脚石两侧有一对极为精致的铜铸门斗，其上细腻地刻有凤凰牡丹图案。在踏脚石边镶上铜錾花工艺的门斗，既保护了石门臼，又有强烈的装饰效果，使陈家祠的门斗更显高贵华丽（图9-62）。

图9-62　铜铸门斗

图9-63　铁柱连廊

连廊用的铁柱共有32条。这些铁柱分节铸造，柱身较细，还有柱础、柱身和柱头。铁柱的强度和硬度都比石柱和木柱大，既可减少柱子的体积，增大连廊的空间，还能抗虫蛀，具有木柱和石柱无法达到的优点。陈家祠的铁柱给人一种轻巧、挺拔秀丽和通透简明的美感，明显是受西方的影响。这也是广州作为东西方文化交流前沿地所特有的（图9-63）。

## 四、陈家祠的历史文化景观

陈家祠既传承了岭南文化，又有中原文化因子，还吸纳了国外文化元素，融会贯通，从而塑造了岭南更为兼容并蓄的建筑文化格局，同时也蕴涵着深厚的传统文化要义，重建了陈氏宗族伦理文化的新秩序。

图 9-64 灰塑“蝙蝠”

### 1、楹联

楹联是陈家祠建筑艺术中最有文化品位的一种装饰，但是经过百年沧桑，现在仅存十副，它们都是光绪十九年（1893 年）广东各地陈氏族人呈献上来的。这十副楹联都悬挂在中轴线的三堂上，记载了陈氏家族的显赫家业与源远流长。

**道缵太邱，星聚一堂昌后世；**

**德邻广雅，风培百粤振斯文。**

这副楹联挂在首进大厅两侧柱子上，大意为：沿着太邱祖所走的道路走下去，把贤德之士集于一堂切磋学问，使后代更加繁昌；与德高望重的广雅书院为邻，用良好的学风培养我百粤子弟，举拔优秀人才。

**衍绪溯胡公，历周秦汉晋以迄于今，代有伟人，门闾大启；**

**敬宗详戴记，统远近亲疏而系之姓，谊关一本，畛域何分。**

这副楹联挂在后殿正中的大堂上，是了解陈氏来历的一副重要的楹联。大意为：陈家的渊源和功业起源于陈胡公，经过周代、秦代、汉代、晋代直到今天，代代都有伟大人物的出现，陈氏的门户大大地发展了；敬奉祖宗的礼法详尽地记载在《大戴礼记》这本书中，不论远近亲疏的族人都联系到一个陈字，彼此的情义都是通到本族世系一条根上，有什么门户之见地域之分呢！

### 2、数不完的“福”字及喻意

中国讲究多福多寿，“福”字和“寿”字是中国古建装饰艺术中不可或缺的元素。“卢沟桥的狮子数不清，陈家祠的福数不完。”陈家祠是岭南最多“福”的建筑，从屋脊到梁架再到柱础，从木雕到砖雕再到石雕，几乎是有装饰的地方就有“福”的存在，而且“福”字的装饰还变化出许许多多的花样来。

跨进陈家祠正门的“岭南第一福”，一左一右两个木雕“福”字图案，寓意“福到”及双福盈门。“蝠”与“福”同音，蝙蝠因而成为“福”的象征。“岭南第一福”木雕两边的“五福捧寿”木雕，寄托着古人对长寿、富贵、康宁、好德、善终的美好愿望与追求。

“福”饰生动活泼、形式多样，五只蝙蝠围绕一个“寿”字，称为“五福捧寿”；两只蝙蝠相叠，称为“福上加福”；蝙蝠含着如意绳结、桃子，寓意“福寿双全”、“福寿如意”；蝙蝠前面加上几个铜钱称为“福在眼前”；不少蝙蝠还被绘成红色，意为“洪福齐天”。在色彩斑斓、造型奇特、笑口盈盈、形态温顺的灰塑蝙蝠点缀下，陈家祠更加引人入胜，绚丽多彩（图 9-64、图 9-65）。

图 9-65 石雕“蝙蝠”

图 9-66　聚贤堂前对植两排苏铁

### 3、庄重肃穆的植物景观

陈家祠作为合族祠堂，在植物的形象和功能上有严格的要求。重在营造庄重肃穆的气氛，需要色彩厚重、外形高大笔直的植物对空间进行烘托，因此陈家祠内树种选择以常绿树种为主，采用规则式种植，以列植、对植为主。

门厅前有开阔的广场。为显示祠堂的庄严与肃穆，植物以 2 株或 4 株对称式栽植，株距相等，排列整齐。祠内的植物布局便以中进聚贤堂为主轴线，在轴线两侧以 4 株苏铁对称式布置（图 9-66）；后进东西厅广场则对植无患子、广玉兰等冠大荫浓、枝干高大挺拔的阔叶树种，以及乡土桂花（图 9-67~图 9-69），营造出了以常绿树为主体，与宗祠建筑庄重严肃相协调的景观空间。

古树见证了历史的沧桑，是宝贵的历史财富。但是由于各种原因，陈家祠内的古树留存不多，更多的是后期补种的树木，不得不说是其中一个遗憾。

图 9-67　无患子与桂花对植

图 9-68　广玉兰与桂花对植

图 9-69　中间广场植物列植

# 参考文献


陈才杰．岭南传统村落梳式布局气候适应性研究 [J]. 山西建筑，2017(8):25-26.

陈惠华，胡传双，鲁群霞，等．岭南民居铭石楼室内陈设的地域特色解析 [J]. 家具与室内装饰，2014(10):62-63.

陈民喜．百粤冠祠，七绝技艺——广州陈氏书院古典建筑装饰艺术欣赏 [J]. 中外建筑．2016(3):42-50.

陈伟军．开平碉楼结构特征研究 [J]. 华中建筑，2018，36(11):147-151.

陈咏淑，翟辅东．岭南名园清晖园的历史演变与文化内涵 [J]. 岭南文史，2008(1):48-50.

陈志杰．佛山梁园的历史特色及复原建设经验 [J]. 广东园林，1995(03):14-20.

谌小灵．明清时期东莞红砂岩文化遗存分布规律探讨 [J]. 文博，2012(06):44-48+53.

邓其生．番禺余荫山房布局特色 [J]. 中国园林，1993(01):40-43.

邓颖芝．东莞可园主人——张敬修 [J]. 岭南文史，2006(04):32-34.

狄丽玲，卫翠芷，李浩然．开平碉楼的杰出价值 [J]. 中华遗产，2007(06):28-29.

杜凡丁．广东开平碉楼历史研究 [D]. 北京：清华大学，2005.

范乔莘．揭秘先人智慧：建筑防御外敌——逆水流龟村堡保护 [J]. 中华建设，2015(02):45-47.

开平碉楼与村落的典型代表 [J]. 中国文化遗产．2007(03):36-51.

开平碉楼与村落分布图 [J]. 中华遗产，2007(06):84-85.

赖晓青．岭南近代碉楼式建筑修缮技术研究 [D]. 广州：广州大学，2017.

赖瑛，高翔．东莞虎门逆水流龟村堡建筑形制初探 [J]. 建筑工程技术与设计，2015(32):19.

李剑清．岭南“三间两廊”传统民居人文关怀设计探析 [J]. 西安建筑科技大学学报 ( 社会科学版 )，2017(6):66-70.

李奕琬．论岭南传统民居风格特色及装饰符号 [D]. 长春：吉林大学，2019.

梁晓红．开放、混杂、优生——广东开平侨乡碉楼民居及其发展趋向 [D] 北京：清华大学，1994.

刘才刚．广州陈家祠的岭南建筑艺术特色 [J]. 南方建筑，2004(02): 30-31 .

刘汉林．岭南园林艺术之清晖园赏析 [J]. 园林，2013(09):72-77.

陆琦．东莞可园 [J]. 广东园林，2007(2):79.

陆琦．开平立园 [J]. 广东园林， 2008(1):75-76.

陆琦．岭南传统园林造园特色 [J]. 华中建筑，1999(4):119-123.

陆琦．岭南园林几何形水庭 [J]. 华南理工大学学报 ( 社会科学版 )，2007(2):55-59 .

陆琦．岭南园林石景 [J]. 南方建筑，2006(4):9-14.

陆琦．顺德清晖园 [J]. 广东园林，2006(5):62-63.

陆秀兴．岭南四大名园的空间布局及其审美取向研究 [D]. 广州：暨南大学，2010.

陆元鼎．广州陈家祠及其岭南建筑特色 [J]. 南方建筑，1995(04):29-34.

罗汉强．余荫山房的园林文化 [J]. 广东园林，2010(2):77-78.

罗雨林．广州陈氏书院建筑艺术 [J]. 华中建筑，2001(03):99-100.

梅策迎．由私家园林到城市公共空间——广东顺德清晖园的前世今生 [J]. 古建园林技术，2011(04): 45-47+25+85.

潘民华．梁园品读联墨 [J]. 对联，2019(10):15-16.

任健强，田银生．近代江门侨乡的建筑形态研究 [J]. 古建园林技术 , 2010(02):46-48+78+84.

申秀英．开平碉楼景观的类型、价值及其遗产管理模式 [J]. 湖南文理学院学报 ( 社会科学版 )，2006(04):95-99.

孙卫国，张勇 . 岭南庭园之山水画意——佛山梁园改建规划 [J]. 中国园林，2005(08):5-10.
谭金花，广东开平侨乡民国建筑装饰的特点与成因及其社会意义 (1911-1949)[J]. 华南理工大学学报 ( 社会科学版 )， 2013，15(03):54-60.
汤国华 . 东莞 " 可园 " 热环境设计特色 [J]. 广东园林，1995(4):33-37+40.
唐孝祥，郭焕宇 . 试论近代岭南庭园的美学特征 [J]. 华南理工大学学报 ( 社会科学 )，2005(2):49-53.
唐孝祥 . 基于文化地域性格的余荫山房造园艺术研究 [J]. 南方建筑，2018(6):35-39.
王发志 . 陈氏书院建筑文化微探 [J]. 广东省社会主义学院学报，2008(04) :103-106.
吴棣飞 . 岭南园林瑰宝——余荫山房评析 [J]. 南方农业，2009(10):8-13.
吴漫琳 . 论岭南传统园林中的因借 [D]. 广州： 仲恺农业工程学院 2017.
谢纯，潘振皓 . 佛山梁氏庭园组群的意境表达研究 [J]. 中国园林，2014(08):55-58.
谢浩 . 岭南民居的自然通风 [J]. 小城镇建设，2007(12):58-62.
谢志峰 . 得十二石斋遗石仙桃峰记 [J]. 检察风云，2005(12):20.
徐艳文 . 玲珑精巧的东莞可园 [J]. 花卉园艺， 2017(02):40-42.
颜紫燕 . 广东开平风采堂 [J]. 华中建筑，1987(02):78-82.
杨宏烈 . 中国华侨园林的奇葩——立园的艺术特色与拓展规划 [J]. 中国园林，2002(1):44-46.
杨志，罗世侣 . 开平灰雕文化遗产的价值研究及发展建议 [J]. 美术教育研究，2014(03):42-43.
叶蔚标 . 佛山梁园原貌及修复初步研究 [D]. 广州： 华南理工大学，2013.
余玉晃 . 开平侨乡独特的建筑文化 [J]. 广东史志，2002(02):51-55.
张国雄 . 从开平碉楼看近代侨乡民众对西方文化的主动接受 [J] . 湖北大学学报 ( 哲学社会科学版 )，2004(05):597-602.
张国雄 . 开平碉楼的类型、特征、命名 [J]. 中国历史地理论丛，2004(03):24-33.
张国雄 . 开平碉楼的设计 [J]. 五邑大学学报 ( 社会科版 )，2006(4):30-34.
张国雄 . 析开平碉楼与村落的真实性与完整性 [J]. 五邑大学学报 ( 社会科学版 )，2008(11):5-10.
张万胜，周宏，梁锦桥 . 开平碉楼的类别及典型特征比较研究 [J]. 西安建筑科技大学学报 ( 自然科学版 )，2012(6):412-440.
张万胜，周宏梁，唐天芬，等 . 开平碉楼修缮与保护研究 [J]. 广东土木与建筑，2011，18(10):26-28.
周罗军 . 从岭南庭院的布局特点分析清晖园的园林艺术 [J]. 黑龙江生态工程职业学院学报， 2017(03):11-13.

# 后　记

本书的编写历经三年多，终于得以完成，实属不易！书中优选的近1800张照片，源自近3年来编者现场拍摄，其间正遇全球爆发新冠肺炎疫情，各拍摄地疫情管控措施严格，实地摄影、采访等工作严重受阻，以致编写进度一再拖延。又因编者身处不同岗位，只能利用业余时间完成图片采集、现场采访和文字撰写等工作，难上加难，曾经一度想打退堂鼓！所幸满腔对园林及古建的情怀未减，加之良师益友的鼓励及帮助，最终得偿夙愿。

三年来，编者一次又一次地走进传统岭南园林、古村堡、传统村落……每次的体验和感受都不一样。古村堡一代代守护人的故事，风采堂余氏后人对祠堂院落保护的重视，开平碉楼的种种传奇，匠人们的高超造诣，诗画般的古建筑及园林之美等深深折服我们，成为永恒的记忆，永远印在脑海。

在撰写过程中，本书非常荣幸得到汤国华、李继光等专家的指导，杨卫国、周晓、杨銮香、谭意军等同行、匠人以及广州市园林建筑公司（现名广州市园林建设有限公司）项目组人员的大力支持与帮助，在此，对他们表示衷心的感谢！同时，衷心感谢广州市园林局原副局长兼总工程师、巡视员吴劲章先生，华南理工大学建筑学系原主任、教授刘管平先生为本书做序！衷心感谢编辑、出版部门的支持！本书出版后，遗漏、错误及不妥之处还恳请专家同仁及广大读者给予指正，以便在今后的修订中予以更正，共同推动广东古建筑的保护与发展。

编　者

2022年11月